# 职场焦虑

## 自愈手册

张鑫平◎著

中国商业出版社

图书在版编目（CIP）数据

职场焦虑自愈手册 / 张鑫平著. -- 北京 ：中国商业出版社，2023. 7
ISBN 978-7-5208-2483-5

Ⅰ. ①职… Ⅱ. ①张… Ⅲ. ①焦虑—心理调节—手册 Ⅳ. ①B842.6-62

中国国家版本馆CIP数据核字(2023)第084833号

责任编辑：包晓嫱
（策划编辑：佟彤）

中国商业出版社出版发行
（www.zgsycb.com 100053 北京广安门内报国寺 1 号）
总编室：010-63180647 编辑室：010-83118925
发行部：010-83120835/8286
新华书店经销
香河县宏润印刷有限公司印刷
*
710 毫米 ×1000 毫米 16 开 12.5 印张 140 千字
2023 年 7 月第 1 版 2023 年 7 月第 1 次印刷
定价：58.00 元
* * * *

# 前言

不论是职场还是人生，我一直希望通过分享自己的经验可以让身边的人受益，进而生活得更美好。这种经验应该在某种程度上成为一种助力，让每一个人都可以遇见自己最为理想的工作和合作伙伴。正是秉持着这样的意愿，我拿起了手中的笔，完成了本书的创作。

如果你和我一样，是善于思考的，那毫无疑问，这本书将会成为你很好的职场向导和工具。它会帮你找到职场的目标，找到你自己的位置和价值，还会告诉你，怎样才能既快又好地直达目标。我希望这本书可以做到这一切，让阅读的每个人都能够在深度了解自己之后，变得更加专注、更富有选择策略，同时能够掌握良好的自我思辨能力。这些无疑为你开辟了一条人生奋斗的捷径，帮助你历练出更为精准的目光，助力你以绝佳的姿态和判断力步入职场，成为叱咤风云的精英，并凭借所掌握的资源和机会等优势，创造出无限的精彩和可能。

当然，有很多书会教你如何在职场如鱼得水、顺利通过面试、快速晋升等。但事实上，就算你有了这些技能，甚至你的年薪已经快速超越了自己的期望，但你仍然会感到焦虑。因为随着竞争的日益激烈，各类黑天鹅事件频发，企业对人才的要求也不断变化，这让职场人想要在职场上取得成就变得比以往更难。这也解释了我们为什么如此渴求获取捷径，因为严峻的形势总会迫使人去寻找灵丹妙药。

问题主要并不在社会、环境、老板的要求或者某些组织的变化，重点往往在我们本身。我们从小就习惯了碰到事情找借口，在我们四五岁的时候就学会了撒谎，就知道该怎么推卸责任，长大之后，碰到事情就习惯性地归因于外部，而不是归因于自身。这是一种现象，是一种人的基因里面保护自己的本能反应，这并没有什么。但在一些方面，比如工作上，再用这种从外部找原因的惯性思维方法，就行不通了。我们应该从自身入手进行深度的思考。比如，我们工作究竟为了什么？我们学习为了什么？我们生活为了什么？每天匆匆忙忙地工作和生活，为什么不是我们喜欢的，但却又从未停止？真的都是因为钱吗？抑或是因为家庭吗？也许我们应该停一停，好好想想到底想把自己的人生过成什么样子。

我从事人力资源工作十余年，了解各类人员在职业发展中的困惑，我也有幸帮助一些伙伴走出了焦虑，找到了自己阶段性的人生目标。每当我看到我帮助过的人发生的变化，听到大家的心路历程，似乎我也发现了自己这一生的追求——帮助他人，成就他人。

这本书是我总结的HR择优经验和职场生存哲学，是一本经典的职业优化指南，能够帮助大家冲破思维桎梏，拓宽职场思路。总而言之，我奉上辛苦工作，只希望你读来有用。若它真的点亮了你的人生，将是一件令我感到无比喜悦、无比荣幸的事情！最后，愿你我共勉，共赴美好前程！

# 目录

## 目标篇——目标决定未来，别将目标葬入深海



## 问题篇——看清问题，明白为什么就不再焦虑于为什么

# 目标篇

## ——目标决定未来，别将目标葬入深海

# 第一章 锁定目标，别让你的情绪陷入焦虑

## 最怕的就是用他人的思路定位自己的人生

曾经有一位阅历丰富的朋友，给我分享了这样一句话："我们已活得足够老了，如今终于有资格和别人聊聊理想和人生了。"当一个人把自己生命的轨迹拉成一条直线，从初始直接跨越到末端，就会发现，其实在人生的过程中对很多内容的取舍、纠结和争论都是没有必要的。但往往这些没有必要的事情，会让我们过度地投入情绪，让我们感觉自己的人生失去了意义，让我们觉得没有存在感，以致做什么事情都振作不起来，好像对于世界我们始终是个可有可无的人。

同理，很多年轻人在面对自己职业取向的时候也是如此，开始信誓旦旦，觉得自己胜券在握，结果面试了几家公司，却始终不见神往的录用通知，于是便开始怀疑人生，觉得自己"太蠢"。有的人甚至会自我怀疑，觉得自己的表现实在糟透了，认为自己不适合这个行业。将自己大肆地批判以后，整个生命都因此失去力量，终日浑浑噩噩，再也提不起精神，也不知道自己究竟应该做什么。

为什么会出现这样的情况呢？根据我多年的人力资源经验来看，之所以这些人会被好公司婉拒，其核心并不是他们在能力上出现了问题，而是他们根本不知道自己想要什么，也不知道自己为什么要来这家公司。他们对自己的未来缺少长远的规划，不知道这家公司究竟能给自己带来什么。他们只是顺着别人的思路认为："嗯，这是一家好公司。好公司有好薪水，也更加体面，加入这样的公司就一劳永逸了。"可事实是这样吗？试想一下，倘若你在一家公司从事人力资源工作，看到这样心态的面试者，想必也不会将对方贸然引进吧。

过去，好大学意味着好工作，好像只要有了这块敲门砖，后面的事情就一蹴而就了。但现在不是这样了，上大学的目的已经和拿文凭的需求内涵越来越远。如果再拿着老一辈人的固有思维，想着用一张大学文凭就可以改变人生，那毕业后，肯定是会被社会好好"再教育"的。

在此，我不得不去和年轻人一起探讨一下上大学和选公司的目的。其实很多年轻人在高考填报志愿的时候思路就很迷茫，并不是所有人在对人生进行选择时都能那么果断。所以，他们将选择权交给了父母和老师。而事实上，很多父母和老师对当下的就业需求、学校在相关领域的教学优势，以及考生对某一职业的匹配度等并不了解。他们只是觉得这个专业就业需求更广阔，这个领域在未来选择工作的时候会更稳妥。结果志愿报进去，学生上了学才知道，自己对所选择专业的课程内容一点都不感兴趣，可谓是人生职业生涯中的一个无效选择，于是浑浑噩噩地毕业，对口的工作不愿意去，不对口的选择又困难。这是现实的一种呈现，也是很多应届毕业生最终都没有能够选择自己专业领域就业的原因之一。

本来如此毕业对一个人的职业规划已经是一件很惨的事情，到了人生选择的又一道门，很多年轻人依然没有开窍，他们还是懵懵懂懂地顺着父母的安排和别人的思路去寻觅自己的理想，在别人的认知弧线中去确定自己的认知。比如，什么样的人才是成功的，什么样的职业才是令别人刮目相看的，什么样的状态才是被人看得起的。基于这些方面的考虑，想要达到别人认知中完美的生活状态，或许这样一个职业就应该是自己想要的吧。于是，就这样他们错失了人生又一次的选择机会，在一个根本不适合的行业中工作几十年。最后你问他们从中得到了什么，相信你得到的答案也不过是“混日子”而已。

每年我都会遇到一两个这样的案例，一些青年明明考上了非常棒的大学，却在中途离开学校，选择去创业。比如我曾经的一个客户A，大一的时候他毅然选择辍学，和三个小伙伴成立了一家公司，主要编写一个服务社群运营的应用程序，经过一年时间的运营，营收已经达到千万元，最后卖给了一个大公司套现。后来他又再度创业，成立了新的公司，不但在业界小有名气，自己的经营体系也开始日趋完整，事业做得蒸蒸日上。他从来都没有因为错失了一张大学文凭而后悔。说这个案例的原因是想让大家知道，要去追寻自己确定想要的东西，当然也并不是所有人都适合这样做。

我曾经问过他为什么要这么做，他的回答很干脆：“我知道我想要的，我知道上大学的目的。在大学学到的知识算不上跳板，或许那仅仅能单纯成为一种工具，而这个工具对我来说，还很有可能是一辈子都用不上的，所以为了更好地在职场生存，我必须去探索发现更实用、更新颖、能够更快速看到效果的工具，因为只有这些内容能够帮助我更好地实现人生目标。虽然到现在，此生想要的和能够得到的，都算不上一种确定结果，但若是因为一块无意义的敲门砖而耗费我几年的光阴，这样的时间成本显然是不划算的。”

倘若在学到知识的同时拥有更广阔的发展空间，为什么一定要把自己困在那里四年以后再开始呢？所以，一个知道自己想要什么的人，比那些按照别人思路去寻觅想要什么的人之间的差距，可不是差一步两步这么简单。

作为一个资深人力资源从业者，我在这里真的很想对那些身处迷茫的朋友分享几句，其实人生的选择有很多种，活法也有很多种，别人认同的成功只属于别人，而你的人生始终是你自己的。与其盲目地跟风别人，不如静下心来想想自己想要什么。你可以拿出一张纸，将所有的愿望一一罗列出来，然后再看看别人的那些思路是不是真的适合自己。人生最得意的是能够按照自己的想法活一遍，如若心中已经有了向往的雏形，却不敢迈开步，那它注定是此生的一大憾事。或许别人的思路确实很好，但谁有足够的数据证明你的想法就足够不好？更何况，一切不过是生命中的初始，青春是资本，只要你知道自己想要什么，然后大胆地做出选择和尝试也真的未尝不可啊！

## 方向迷茫，找不到适合自己的工作怎么办

出于为更多朋友职业生涯提供良好助力的愿景，我在抖音上创建了自己的视频课程，也正是因为有了这个媒介，我得以跟更多深受困惑的网友进行互动交流。其中不乏有很多年轻人给我留言说他们现在的人生状态很迷茫，不知道自己想要什么，也不知道自己适合什么。他们找不到自己的内在天赋，却对步入平庸心怀恐惧。这种恐惧愈演愈烈，衍生成为莫名的焦虑，导致他们每天在床上辗转反侧，面对职业生涯选择的挫败，极度地不知所措。

曾经就有这样一个网友给我留言说："张博士，我现在觉得整个人生都失去意义了。职业意味着什么？钱？谋生的手段？我现在确实有工作，但是我一点都不快乐。我感觉我为了每月的薪水在内耗我的生命，可是真的停下来，我又不知道自己还能做什么。我这样的人生是不是很可悲？但这样可悲的生活每天都在继续，实在太痛苦了！"

看到这样的留言，我不禁想起了当年自己的一段人生，那时候我的职业生涯刚刚开始，也面临着选择的迷茫。当时的方向想得很简单，我就是想赚钱，要进入一家好公司，要有一份好薪水，如果可能的话，就找到一家有潜力的公司，然后陪着它上市，作为持股人和"开国元老"痛痛快快

地淘到人生的第一桶金。于是，我觉得方向感明确了，便开始努力地寻找自己觉得满意的企业，能够有可能达到我预期的好公司。我工作很努力，心中满怀期望，最终也有了一些别人看来值得倾慕的小成就。但时间一长，我的内心便有了类似的迷茫，感觉每天的工作都不再让自己感到兴奋和有意义。我心不在焉地工作，而身体却仍然像一个赚钱的机器在那里滚动。每天的工作内容已经轻车熟路，各个方面看起来都没有什么问题，可心中就是觉得迷茫，失去了方向，好像做什么事情都没有了当初的动力。

于是我让自己稍微地停了一下，决定看看到底问题出在哪里。我惊讶地发现自己竟然开始自卑，开始觉得一切都不是自己想要的，而自己想要的是自己永远得不到的。我开始对自己当下的努力表示怀疑，不知道自己为什么要这么做，不知道未来真的会因为自己的努力而得到更多。老实说，那种内心的失落感是无法用语言形容的。心理的波动让我不知道自己是应该放弃，还是应该前行，怎样找回生命的坐标便成了当时迫在眉睫要解决的事情。

于是我开始坐下来思考什么是自己人生的意义。是一份好工作、一份好薪水，还是后续更为丰富的经历？我开始挖掘获得好工作、好薪水背后的目的。这时候我眼前浮现出了爱人和女儿，想到爱人的关心和女儿灿烂的笑容，内心最温柔的情感充盈了整个内心。我终于可以坦然地面对自己，不再故作强悍，因为我真的很爱她们。于是我闭上眼睛想，如果此生对女儿的陪伴不可能是永恒的，那么在我有限的人生中，我能给她带来什么呢？于是我找来了一张纸，将所有的“或许”写了下来。

我对自己说："或许我可以成为一个作家，中肯地将思绪落实在文字里。此时的女儿还小，但她迟早会长大，对人生她也会经历自己的迷茫、拥有自己的见地。也许那时候我并不能陪伴在她的身边，可她却随时可以翻开那本我用真心著成的书，在无声语言的互动中，我的爱与陪伴将会化作永恒，成为她灵魂的一缕温情，或是消解烦恼的法力。当然，这些书的能量还不仅仅局限于此，它可以帮助到更多人，给更多人提供助力，可以帮助他们摆脱生活、工作的困境，可以对他们的选择提出更中肯的建议。虽然到那个时候，我人可能已经不在了，但为了有这一天，至少现在我应该拿出足够的热情去应对自己的工作和生活，更认真地觉知于当下，将眼前的每一个困惑、每一个问题、每一项工作竭尽全力地去完成。这是一个不断寻找答案的过程，也是寻觅过程中最佳的实践，我不应该放弃任何一次体验的机会，也不该放弃体验过程中的每一次思考，因为那都有可能是别人前行的推动力，也是自己给予这个世界、给予社会和给予身边每个人最大的能量源泉。我应该去帮助身边的每一个人，这会让我的生命更加充满意义。"就此，我瞬间恢复了前行的动力，强大的能量感让我瞬间找到了人生的意义。而当我带着这样的方向感重新回到工作中的时候，所有的目标都变得格外清晰，我不再陷入迷茫，也不再因迷茫而恐惧，因为我已经知道自己此生最该做的事情是什么了。

由于这个内心方向的指引，在"众里寻他千百度"的公司选择中，我最终与樊登读书结缘。我到现在仍然记得自己在接受面试的时候，与樊登老师之间的探讨，虽然内容很多，但很大一部分都基于一个人对自己人生目标的理解。他问我："你觉得你的职场目标是什么？樊登读书是否能够帮助你达成所愿？"整场谈话让我印象深刻，我真心地希望樊登读书能够打造成类似 Netflix 一样的公司，虽然市值不是全球第一，但是文化一定是所有人茶余饭后津津乐道的公司，也希望自己能够帮助公司的每一个人成为更好的自己。

每个人都有自己迷茫的阶段，那种找不到方向的无所适从很容易扰乱我们的情绪。但是倘若这个时候，我们能够将那些企业的需求、体制、文化，以及自己内心的愿景、能力、规划等逐一打开，就会发现其实里面有很多需要我们挖掘的东西。我们需要思考的是，我们所追寻目标的意义是什么、价值观是什么、人生观是什么，这家企业能够赋予我们的内容是什么、给予我们的成长元素是什么，我们将在企业体系运营互动下赢得怎样的可能，而这些可能给予我们生命的真实意义是什么。当我们将这一个个小小的点的圈层不断放大，将一切上升到人生极致方向的高度，思路就会一步步清晰起来。什么是你想要的，什么是最适合你的，一个个答案，就会在你清晰的思路下浮出水面。

# 被“好公司”的概念局限住了

前段时间朋友将自己的儿子介绍给我认识，这个年轻人刚刚大学毕业，正是血气方刚的年华，信心饱满、朝气蓬勃。于是我问他未来有什么规划，他的回答很干脆：“当然要进一家好公司啊！”我听了以后点点头说：“嗯，对，那你觉得什么样的公司算是一家好公司呢？”“国企、外企、互联网公司，都是好公司啊。我决定海投，投到哪里是哪里，只要有录用通知就万事大吉，到公司再接受锻炼呗。”我听了以后心里咯噔一下，这是要踩“坑”的节奏啊。

很多年轻人刚一毕业最迷恋的就是“好公司”，他们对于“好公司”的定位一般都是薪酬好、职位好、未来发展前景好，再进一步就是能接触到的人脉好。可真到了所谓的“好公司”却发现，现实跟自己所想的简直是天壤之别，要么闲得半死，要么累得半死，要么被琐碎的事物烦得半死，再不然就被遥遥无期的煎熬折磨得半死。这不禁让人产生疑问，这不就是你想去的好公司吗？怎么最终却兑现不了自己想要的生活了呢？

之所以出现这样的问题，就是因为很多人没有搞清楚“好公司”的定义。这就好比不同的人面对不同的生活，别人眼中的好，未必是适合你的好。唯有真正适合自己，能够切身实现自我价值，让你感受到真实快乐的，才是最值得追求、最值得向往的。所以对于好公司来说，首当其冲，它应该是一个更有利于自己实现个人目标的理想之所。毕竟当你决定就职的时候，将意味着会把自己一天大部分精力都用在这个地方，一周七天就有五天在上班。与其说，它所给予你的是一份单纯的工作，不如说是一种很具有选择性的生活方式。如果此时你的心中向往的是一种安全稳定的生活方式，那就干脆想办法朝着公务员的方向努力，或是想方设法获得国企的青睐。而这似乎也并不是一件多么困难的事，就路径而言，任何人都不应该以某种固定的思维逻辑囚禁自己。如果你喜欢不断变化的生活，那么互联网公司将成为你的一种优选；如果希望自己可以获得专业成长，获得工作生活的平衡感，那就朝着外企的方向努力一把；如果希望快速赚到第一桶金，可以定位有潜质的创业公司。但毫无疑问，不管你身在何处，都存在着收获和失去。这意味着收获稳定的你，将失去获得高薪的可能；收获平衡的你，将因企业过度的“内卷”消耗而失去成长。所以，你要想好自己现阶段最向往的生活状态，按自己向往的生活去匹配企业和工作内容，才是一个人面对自我的完美优选。

曾经就有这么一个年轻人，一心想要进入好公司。他所向往的生活是高薪不累的状态，听说互联网公司是好公司，于是削尖了脑袋要去。好在他文凭过硬，能力对方也觉得没问题，便顺理成章地领到了录用通知。结果进去以后不到几个月就叫苦不迭，问及原因，他痛苦地抱怨道：“没想到这里的每个人都那么拼，加班是家常便饭，而且薪水是绩效制度的，虽然很高，却没那么容易拿到。平时非常“内卷”，压力极大，每天都在面临着随时被别人PK下去的困境，前景渺茫。我以为自己文凭不错可以轻松一点，但是公司里每个人都实在太强了。”于是他找到了我，想让我帮他分析一下是哪里不对。听了他满腹的抱怨，我只问了他一个问题：“现在你告诉我，你究竟想要一种什么样的生活？”

听了这个问题，他先是一愣，然后闭上眼睛盘算半天告诉我：“我想要不加班的，不累的，但是薪资高的。”我听了以后笑笑说：“那很显然，互联网公司算不上你的优选，对应你的生活需求而言，那算不上一家好公司。你更加适合‘隐形冠军’企业，这种企业在国外和国内都比较多，基本都是细分领域垄断者，它们非常低调，很多人都不知道它们的名字。例如我之前给做过咨询的一个公司，在义乌，才200多人，自己有楼，3年卖了100亿元的袜子。如果不是做这个项目，我根本不知道原来有人只卖防臭袜子就可以这么厉害。公司老板给每个人的薪酬也是极高的，客服都是开豪车的。还有一些做吸管的、做医院医疗床底下的滑轮的、做移动模组的等小众细分领域的隐形冠军，很多人不知道。你可以问问你身边的朋友，他们可能会知道得非常多，可以帮助到你。”

很多年轻人在选择就职企业的时候，总是把“好公司”的概念带入自己的意识，觉得只要是去“好公司”就可以得到自己想要的一切。但事实真是这样吗？显然他们是被“好公司”的概念局限住了。就选择而言，“好公司”的“好”是对应需求的，“好公司”之所以“好”，不在于它的薪资，也不在于它的职位，而在于它是否对应你自己对生活的规划和需要。如果你想要的生活是希望有更多的自我空间，那显然互联网公司和昼夜拼项目的创业公司就算不上好公司。如果你冲劲满满，外向而渴望互动，那么很显然，朝九晚五的工作就很难兑现你内在生活的需求。如果你渴望锻炼，想要成为以一当十的领导者，那么直接进入外企就不是一个正确的选择。总而言之，不同的“好公司”对应的是不同人对于不同生活的向往和需求。只有这个企业的文化、制度和职业需求能够与自己的生活需求相匹配，它在我们的意识中才能算是一个适合自己职业发展的“好公司”。

我曾经就遇到过这样一个年轻人，他当时也很想去好公司。我抛出了同样的问题：“那你觉得你想去的好公司应该给你带来什么？”他毫不迟疑地说：“我未来是想要创业的，打造属于自己的企业、品牌和品牌文化。”于是我了解了一些他的创业思路和规划思路之后，很坚定地对他说：“通过你对自己生活需求和职业发展需求的描述，我个人觉得，外企、国企，乃至大型的互联网公司可能现在都不适合你。”他听了以后心中一惊，说：“难道我不够优秀吗？”我说：“不，你的愿景很好，思路也很清晰。关键是你应该找到一个可以给你更多锻炼机会的企业，熟悉一个企业完整机制的‘好公司’来为你提供助力。从你对创业生活的理解来看，你最渴望的是先把自己培养成多面手，但是健全的大公司可能并不会给你这么多锻炼机会，会让你成为螺丝钉。当然你可以去看看大公司是如果思考和运作的，不过对于你想要的目标来说，可能帮助不显著。但是如果你能进入一家很有潜力的创业型公司，那情况就不一样了。因为企业处于创业期的时候，会给予每个人更多的锻炼机会，很可能把一个人当五个人使还不够。也许这个时候你会很累、很辛苦，但是每天都能学到很多想学到的东西。而就人脉的积累和财富的积累方面，一旦这家企业最终上市，作为元老级储备人才，如果你手里有一定的原始股份的话，挖到生命中的第一桶金应该不成问题。即便是没有这样的运气，你也可以清晰地了解创业公司的体制和创业过程，了解起步阶段自己需要做好的准备。这样即便有一天你离开这家公司，选择也是多元化的，你可以选择自主创业，也可以尝试去一些大公司进行高薪职位的角逐和竞争，最重要的是这一切都是对应你自己的生活的。一切都在满足你的内在需求，你会不断从中赢得成就感，永远不会偏离你对自己人生目标的意义，这样不是很好吗？”

这个世界“好公司”有千千万，“好公司”的概念也有千千万。别人眼中的好，未必就真的适合你。而适合自己的，对应内在需求的，才算是此生最佳的选择。对于一个年轻人而言，我们不应该将选择的权利一味地抛给公司，而是要自主地选择好自身的发展道路。总而言之，找到适合自己的才是最棒的，放开那些所谓“好”的局限，说不定更好的发展前景就在不远处等着你。

## 简历不被重视怎么办

记得有一天我刚准备在抖音上录播课程，打开页面就看到了一个女生在留言板上的吐槽：“张博士，我太郁闷了！我自觉能力也没那么差，重点大学毕业，还获得了外企好公司的实习机会，在校期间是学生会骨干，怎么投了这么多家好公司，就没有收到一份录用通知呢？整个人生都快郁闷死了，这几天整个人都浑浑噩噩的，那种自我沦陷的挫败感，让我怀疑人生。您说我该怎么办？”我看了以后，摇摇头，本能觉得，这位女生的问题并不是输在能力，而是输在了简历。

很多刚刚从象牙塔走出的职场新人，甚至一些已经工作过一段时间的职场人，都会犯这样一个毛病，就是觉得将简历填得越丰满越好。于是将几几年参加了一个什么样的兼职活动，几几年从事了半年的文员实习工作，几几年改行做了几个月的销售等都写了简历上。放眼望过去好像工作经历是挺丰富的，但是对自己所应聘的职位，这样的信息究竟有多大意义？

曾经就有一个同行向我吐槽：“今天看了几份简历，快把我郁闷死了，看几行就想丢在一边。他怎么不把自己上小学，连续几年都是三好学生的事情也写进去？有什么意义？我是看他的简历，又不是看他的传记。”试想一下吧，倘若你苦心制作的一份简历，获得的就是招聘者这样的一句评价，心也会伤到底吧！

其实制作简历也是有学问的，很多职场人之所以简历不被重视，就是因为招聘者在阅读简历的时候，就没读到多少有效信息。而出于时间有限的原因，他们在初选简历的时候，能够留给你一分钟的时间已经算客气的了，一旦一眼扫去读不到对应公司需求的内容，便会将你快速刷下去，不会再报以任何的耐心。因为在他们的意识里已经断定，你的履历、经历，以及处理事务的职业思路与企业的需求是不对应的。

那么就这一点而言，如何有效地制作出一份让招聘者赏心悦目、眼前一亮的简历呢？我们又该如何利用手中的简历获得更多的面试机会呢？其实方法很简单。

首先，搜索职业需求。在制作简历之前，我们先要看看自己愿景中的企业，它对这个职位的要求是什么样的。比如要求经历过什么样的重大项目、具备什么样的职业能力，对于职业技术的要求是什么样的，等等。有了这样的一个内容准备，你就可以对应自己所具备的一切制作一个大概简历的框架和雏形。

我们可以将不必要的信息忽略掉，然后将自己职业生涯所对应的企业需求依次进行一下梳理和罗列，并根据其主次，在简历具体格式中依次排序呈现。比如企业最为关注的是处理项目的能力，那么在简历的核心位置，就要呈现出自己经历过多少个大项目，为企业盈利多少，自己在项目中的职位是什么，等等。除此之外，我们还可以通过企业对职业的需求，看清自己竞争的优势和劣势。如果在职业技能上缺乏一定的资质，最好提前给自己充电，将必要的资质拿到手。这样在简历的呈现过程中将会更富竞争力，为自己成功入职多加上一成胜算。

其次，创建属于自己的简历模板。现在很多大型招聘网站上都有相应的模板，很多求职人员也就顺理成章地使用了它的设置。比如开头，就是你的姓名、年龄、学历情况、电子邮件地址、电话号码，后面就是根据你第一次入职的年份来要求你对自己所处的职位进行描述，再以此类推，从初始的几几年到后来的几几年。这样的简历发到招聘者手里，你也许会瞬间被筛掉，这是为什么呢?

第一，简历中你要把自己最强的地方告诉别人，而不是所有的事情。你开始就写年龄、毕业学校等信息，如果这不是你最强的点，那么模板简历就坑了你。例如，你年纪 35 岁去投互联网公司的岗位，虽然你很厉害，但招聘者也许就是因为看到“35 岁”，就没往下面继续看。还有你的大学也许一般，不过工作过的公司和个人能力很好，但招聘者也许就是看见大学不是 985 直接把你筛掉了。于是可能最精彩的部分还没到，人家就已经把你的简历放下了。所以对于这样的情况，还是要编辑专属于自己的模板。比如你最强的是在互联网公司的工作经验，开始简单地介绍一下自己的姓名、联系方式，然后直接就是自我介绍，说自己就职过哪些互联网公司；如果你没有任何互联网公司经历，可以在自我介绍一栏直接写你热爱创业公司，有多家创业公司任职经验等。当然了，如果你学历好，务必要把学历写在最开始，而不是自我介绍。

第二，大家要浓墨重彩地将自己对应企业职位的工作经历好好地呈现出来。比如说，当下你期待的好公司正在招聘一个新能源项目负责人，那你在简历上不如开门见山亮出你的实力，把你在过去就职企业中带团队做新能源项目的经验好好表达出来。比如，在简历开头就介绍“我经历过3次新能源项目落地，其中有 ××× 的结果和数据”，也可以深化一下项目的难度，提供最终成功的证据，以及自己在企业中作为项目负责人的团队引领优势等，这些内容一旦被招聘者第一眼发现，一定会给他带来眼前一亮的感觉，你也就更容易获得进一步的面试机会。

第三，找到最佳的投递简历的渠道。很多求职人员会将自己的简历期许寄托在大型的招聘网站，比如智联招聘、BOSS 直聘等，认为这是很多大型企业优选的最佳渠道，其实有些时候并不尽然。如果你很喜欢一家公司，喜欢这家公司的文化，不如直接将简历递交到这家企业的官网。就我做人力资源的资深经验来说，其实企业每天都会有专门人员查看、处理官网上各渠道发来的信件，也就是说，你的简历会以更特别的方式被输送到招聘者手里。而对于一个企业具有相应专业水准的招聘者来说，对这个渠道送来的简历，比对其他渠道送来的简历会更重视。原因也很简单，你是精准投递的，是对这家公司有强烈热爱和期待的，如果你的能力对应职位需求，一旦入职，就企业价值观来说，是更容易被培养成优秀员工的，也是更容易为企业带来长远价值的。

另外你可以通过职场社交软件，例如脉脉或领英，先添加目标公司好友，然后跟他们沟通做内推。这种内推的成功率是非常高的，并且大部分的公司是有内推奖励的，所以他们也会很乐意帮助你。

说了这么多，或许此时的你应该也理出了一些头绪，为什么自己投出的简历会石沉大海，而别人的简历一旦送出去命中率就特别高。好在一切都还不晚，现在就打开电脑，重新整理思路，只要用心，你一样可以拥有属于自己的完美简历。只要运作得法，想要获得更多面试机会，获得“好公司”的青睐，应该算不上一件多么困难的事情。

## 面试成功的砝码在哪里

简历制作得漂亮了以后，下一步就该等着进行面试了。曾经有一个女孩子就很困扰地对我说：“张博士，不知道为什么我一到面试就掉链子，明明觉得一切都准备得很好，但走在面试路上就会开始紧张，结果坐在那里结结巴巴地说不到重点。好不容易申请到了面试机会，还没聊两句就感觉要‘挂’了，到底该怎么办啊？”

其实就面试焦虑这件事，很多求职人员都曾经经历过，越是面对自己在意的企业面试，自己就越是找不到应有的状态，结果坐在那里该展示的没展示出来，该回答的问题又回答不精准。整个面试过程下来，HR 工作人员问得很刁钻，你回答得很艰难。结果可想而知，不用等人家给你发通知，你就已经知道要与机会失之交臂了。

那么究竟该怎么办呢？难不成就这样一个个地面试，在一个个的机会面前错过吗？当然不是，你之所以焦虑，还是因为你有很多准备工作没有落实，很多面试的基本功底没有打扎实，有些场合没有经历过，才会让你在经历真实场景的时候不知所措。

能够让你面试不紧张，并且把自己的优势都说清楚的最快方法就是对着手机录制视频。把手机架设好，对着手机做一个 15 分钟的自我介绍，然后看自己录下来的视频，你可能会发现，这视频里面的内容，如果让你当面试官，自己都不会让自己通过。通过多次的练习，你会发现自己不会紧张了，并且可以把自己想说的事情说清楚了。你要注意刚开始的第一句话，一定要抓住别人的心。例如自我介绍的时候，一开始就可以说自己在上家公司是高绩效的员工，做过什么关键项目或者拿到什么关键结果，你需要在前 30 秒让对方产生兴趣，然后再开始讲述你最擅长的事情或者你最熟悉的事情。因为大部分的面试官都会问你具体的细节，碰到的困难，所以要多说你自己最熟悉的项目或最擅长的项目。如果你说的事情都是工作职责罗列，然后面试官问了一个你不擅长的事情，或者一个你没什么价值感的项目，那么你的主动权就会丧失，导致最后面试的失败。

因此，在这个拍摄练习的时候，可以针对目标企业的相应需求制定自我介绍。这个时候就不妨找一张纸，将自己对应的优势、能力和符合标准的项目条款罗列出来。然后结合相应的重点，看看自己在最短 15 分钟的面试机会面前，最应该先说什么，最应该浓墨重彩地呈现什么，哪些是重要的，哪些是次要的，哪些是在回答对方提问的过程中可以为自己锦上添花的。然后将这些内容写成一个系统稿件，拿出手机视频功能不断练习，提前给自己来个“面试”。

或许第一次面对镜头的时候你会紧张，但在不断的练习中你最终可以锻炼出良好的自我表达能力，以更熟练的状态应对面试，那必然将会为你的面试加分不少。你会知道自己最该表达的优势是什么，比如在组织协调能力和项目处理问题上有怎样的优势，经历过什么样的困难，又采取了怎样明确的处理策略。在这个过程中，自己的沟通能力是什么样的，自己所掌握的职业技能基本功是什么样的。这些内容可以在最重要的前几分钟将话头抛出去，推动对方的提问兴趣，然后再针对对方的问题依次进行有针对性的回答。

当然这时候有些朋友会问："我怎么知道面试官会问什么样的问题呢？"其实方法很简单，你不妨先将自己最中意的公司放在一边，将简历投递到具有相应同等需求的其他企业试试。一般来说面试官的提问在同行业都有着类似的策略和规律，面试几家下来，你便可以很快摸清什么是对方最感兴趣的内容，提问一般是针对你之前履历中的哪些内容和项目。这样你便可以更为细致地对这些内容进行完善和整理，直到确定一切已经相当完美，再将简历投递到自己的心仪企业。

就我个人经验而言，面试官的提问策略一般都会使用行为面试法。针对你过去职业经历中最经典的一个项目，对你的情况一步步深挖下去。比如你过去曾经做过一个A项目，如果是我面试就一定会问你这个项目最终进展怎么样？你具体采取了什么样的运营策略？你团队的协调工作具体是怎么做的？你手底下的人又都是怎么与你进行互动的？假如这个时候遇到了这样的一些问题该怎么解决？这时候你会发现，针对一个大点，我会问得越来越细，每一个具体细节都会成为考量你个人能力的重点。所以针对这些内容，你就需要提前进行准备，尽可能地展现你的个人优势，而不是在对方的细致提问考核下，一时间慌乱，而不知道该如何应对。一旦你出现了这样的问题，几秒钟之后，你给对方的反馈很可能就是你一定是在那些方面存在问题。

除了这些以外，很可能面试官还会抛出一些自我成长的问题。比如：你的职场终极目标是什么？你觉得企业能给你带来什么？你觉得企业对你最富有吸引力的内容是什么？或许你觉得这些问题相比于职场经历探查询问，算不上一个最要命的问题。但我可以很严肃地告诉你，如果你心中对这些问题没有一个明确的方向，很可能在你一切内容都达标的情况下，企业依然会最终选择将你拒之门外。原因也很简单："因为你自己都不知道你想要什么"，或者"你想要的企业根本给不了你 "。

所以，落到核心，自身的目标和核心价值观一定要与企业的需求、文化、体制相匹配，这样就自身长远的发展来说才是最有助力的。不同的企业所培养出来的员工价值观不一样，工作状态不一样，信念思路不一样，文化特质以及对于职业的概念也不一样。这起初就是一个双向选择的过程，你在选择企业的同时，企业也在考量你是否与自己的价值匹配。这是一个很重要的前提，也是我们在选择一家企业之前，扫清目标盲点，清理不必要焦虑的重点所在。

# 第二章 人生的遇见及其背后的意义

## 当不确定性光临人生的时候

很多人被生命中的诸多不确定吓住了，对那些未知的东西充满了恐惧。这是一件非常正常的事情，因为人对未知恐惧，所以人类得以存活，这是我们的本能在保护我们。虽然如此，但它会给我们带来一些内心焦虑。我们要知道，内心焦虑是会一直存在的，那为何不将那深邃的未知的神秘，化作绝佳的创造力，以无尽的能量助力自己的人生？这也就是为什么很多智者在感受到未知恐惧的时候，依然义无反顾地朝着目标前行。从理论上来说，一切的不安不过是一种大脑意识产生的不可能的假象，只要穿越了这层黑暗的影子，沉淀出来的纯净空气就会将信念稳定下来，化作人生俊朗的清风，将所有消沉的声音吹散到根本不必寻找的地方去。

曾经有个年轻人问我："张博士，我有录用通知了，是个互联网公司。听说入职后我每天会被诸多的不确定折磨得不可开交，想要快速脱颖而出，会十分内耗，这里的机会几乎都要靠互相比拼来取得，要想从这之中当黑马，还没亮相就会被别人干掉。您说我到底该怎么办？要不要去呢？"

听到这话，我想了想说："你字里行间只提供给了我一个信息，那就是'听说'，你说的一切都是别人的想法，我却没听到一句你的态度，比如'我觉得'。这是很可怕的事情，你活在别人描绘的画卷里，那里就像一个黑森林一样，所有的一切都是绝望和可怕的。但是你有没有想过他们为什么还要在那里待着，为什么都不拍拍屁股走人？如果里面的领导都是老虎，那么你还年轻，见识一下又有什么不可以？越是不确定的事情，越是能够激发一个人无尽的潜力。你面对未知的状态情绪实在太不稳定，不稳定到听见点儿声就毛骨悚然。若是如此，即便把你放在更好的公司，没进门儿前也能把你吓‘死’，这又何苦呢？”

这个世界很多人都在期盼稳定，稳妥妥地上大学，稳妥妥地找工作，稳妥妥地去升职，稳妥妥地去创业。但是成功从来都不是稳定的，它是一个能量不守恒定理，始终充斥着各种各样的不确定性。我们都知道，这个世界的规律始终都是适者生存，如果所有人都知道这样做能成功，成功还算得上是成功吗？所以就人生的长远发展来看，与其锻炼着将一切运作成稳定状态，不如稳定地去面对一切不确定性，这才是生命至高的真理，也是将机遇紧紧抓在手里的重要砝码。

从就职这件事来说，很多人都觉得：“我已经找到工作了，工作的地方是一个好公司，只要原则上不犯错误，把分内事情做好，公司总该不会开了我吧！”但是事实真的是这样吗？当世界环境变化的时候，哪怕是好公司甚至是国企都会有大批的裁员，也许你分内事做得很到位，也许你工作上没有任何问题，也许你是一个踏实的老员工，但是只要裁到你，那就只有一句“抱歉”。事实证明，你的状态越是趋于稳定，这样的倒霉事就越是会找上你。

那么究竟该怎么办呢？很多人开始盲目地给自己充电补课，今天领导力，明天沟通力，后天创造力，结果折腾了一通以后，还是希望自己能够稳定。这种急功近利的行为让自己学了半天，拿到手里面的都是一些不重要的东西，于是越学越是不安，越学越觉得没有用武之力。这种不知道自己该干什么的心理，就是大多数人面对未知恐惧时的状态，越是恐惧，越是挣扎得无所适从，内心的矛盾就此与自己厮打起来，搞得自己神志凌乱，觉得自己什么都不会，永远兑现不了领导的期待。而对梦想而言，这就如同杀戮，在荒诞不经中成了连自己都不相信的迷信。

所以与其坐在那里纠结，不如坐下来想想，如果这家公司三年以后就不要你了，在这有限的三年里你应该为自己做点什么。或许这时候，你会在清单上制订出很多计划，比如打造属于自己的流量私域，有自己的拥护“铁粉”，全身心打通各路人脉关系，练就一流水准的行业沟通力，大肆地收敛可用资本。也许你会愤愤不平，狠狠地说：“三年以后，企业一定会后悔！”也许你再也没有闲心跟身边的同事聊天，只会潜心地研究手头每一件可以利用的事情。总之你会好好地提升自己，为你三年以后的人生进行规划，你不会让整个未来因为三年后的离去就尘埃落定，需要做的事情实在太多，即便是到了时间就得走人，你也希望自己能走得潇洒些。

看吧！三年的不确定，会给你带来多少东西，你认真地面对自己的焦虑，然后带着各种各样的可能前行。你在未知中不断地勇往直前，越是到困难光临的时候，就越要去想：“去他的，反正也只有三年在这里。”于是生命就此变得洒脱了，你开始不再为了工作而工作，你用心地研究里面所有的事情，把这里当成学校，让它变成一个可以练手的学习环境。于是你不再为领导和同事的情绪生气上火，只会问自己到底学了多少东西。随后人生的门敞开了，你拥有了前所未有的宝藏，即便三年以后你没有在这里，也不会因此迷失了自己。这就是自我稳定最好的打造方式，每个人都有机会，只看你面对未知的时候是怎样的思路，如何行动。

所以，在这里我想说，虽然现在很多人都在因诸多不确定而惶恐着，但你知道很多人因他们的不确定赚了多少钱吗？越是恐惧的地方，就越是有机遇产生。要我看，每个人都必须对自己的人生做出选择，要么成为恐惧中的一员，要么在别人的焦虑中经营机遇。这是存活在世间，能紧握在我们手中的公平，开启它，你的世界就会向上生长。不论危机有多可怕，未来都是通透的，说不上一片光明，但至少在种子里，永远都有未知的故事等着你一个个地剥开，囤积到下一段职场的搏杀里。

因此，没必要小题大做。难道上面我所说的这一切还不够激动人心吗？不管有没有准备，你都该勇敢上场，所向披靡。

## 向上、向下、横向，你该如何管理自己

很多人讨厌向上管理，每当有人问他们为什么的时候，他们总是说："管理什么？把自己管理成马屁精吗？"此言一出一片哗然，你想不到自己与领导之间的关系，只要落到"向上"这个字眼上，便瞬间就不那么光明磊落了。但事实真是这样吗？工作就好像一座金字塔，唯有知道上司的真

实用意和想法，你的层次才能越来越高。可是很多人都在这个地方不知所措，根本不知道自己与上司之间的关系和价值是什么。

我们不妨做个试验，看看你到底有多了解你的上司。你可以把自己对上司的认知写下来，将你所认为的你在领导眼中是一个什么样的人，或者重要利益价值标注出来，直到一切做到自己满意，接下来你可以找个适当的场合和时机，去和对方聊聊，看看那些你认为的所谓的价值和领导眼中的是不是一样的。作为一个多年的职场人力资源工作者，我敢打包票其中肯定有百分之八十的答案跟你自己认为的不一样。那也就是说，你或许从一开始就不了解你的上司，也不知道你的上司到底需要什么、为什么选择你。毫无疑问，这是一件相当危险的事情，一旦你在关键的时候不能找对角度，很可能你的前途在下一秒就分崩离析了。

那么作为上司，想要一个什么样的下属呢？对于一个职位来说，其本身就有自己的要求，当你满足了这一切基本要求的时候，你就赢得了某家公司的岗位，但上司想要的肯定不仅仅如此。就拿我自己来举例，身为一个人力资源工作者真的就只有招人、开人那么简单吗？或者带着一些同人做个怎样的项目，就一定算是表现出色？显然不是。若想成为一个出色的职场高手，你需要先知道，你的 CEO 现在最急切想解决的问题是什么、最想在什么地方开疆拓土，而你又能从哪些方面在发展壮大的同时为他提供最一流的助力。以我为例，我还可以开辟很多领域，比如富有专业领域的直播课程，深化的职场培训教育，一些新就业人员的岗位制度规划，等等。一系列的内容，既可以锻炼自己，也可以解决目前 CEO 每天都想迫切解决的问题。作为向上管理，我们需要秉持一种更为强大的思维模式，在做好本职工作的同时，拿出一个思维的板块与领导同步，这样对方才能在面对一些重大问题的时候头一个就想到你。

说完了向上管理，现在就让我们将思绪往下转移。好多人说当中层是最麻烦的一件事儿，上面的事儿应付完，下面的一帮人就开始风云迭起，所有人都在问你怎么办，好像把你当成了一个无所不能的老大，只要有你在，跟着你混就好了，至于那些动脑子的事儿，从来都不是自己的使命，也唯有如此，他们才能在自己的岗位上更好地安身立命。但事实是这样吗？常言说得好，有什么样的领导就有什么样的兵。作为一个新入职的员工，选对一个领导比选对一个岗位更重要。如果这个领导在多年任职期间，培养出来的都是精兵强将，这个公司的高层曾是他的属下，那个大企业的副总裁才没离开他两天，如果是这样，你想这位领导得多有魅力？哪怕不要薪水也得削尖脑袋跟着他。但他的魅力究竟在哪儿呢，为什么你就不是呢？

对于拥有多年领导经验的我来说，我在向下管理中始终秉持着两点。第一，领导不是上场的运动员，而是在一边纠错指导的教练员，需要及时地指出下属不对的地方，让他们自我驱动地去改正。你可以组织复盘，总结那些团队中好的地方和不好的地方，你可以示范性地做出动作，而不是一个人冲到赛场上什么事儿都事必躬亲。对于一个领导而言，即便你是多面手，一个人能独当一面，但单打独斗永远都是“玩”不大的，你需要培育自己手下的“球员”成为一个个精英，这样你作为灵魂的凝聚力才能显露出来。

说到这儿，就不得不再说第二点。很多领导说："权力必须都把握在自己手里，否则下面的一切就全乱套了。"但事实是这样吗？你不放权，别人有什么动力？你不给他们把握事务的权力，所有人不看着你看谁？之所以你一天忙着一个个的审批，搞得一整天的工作都了无意义，就是因为你没有真正做到智慧的权力下放。试想如果员工连见客户是打车还是坐公车的事情都要让你审批，你这一天的工作累不累？他又得等到什么时候才能出门？

著名作家马克·吐温说过这样一句话："在我的一生中有着很多痛苦而可怕的事情，其中只有百分之十发生在我的生命里，剩下的事情全是我瞎想的。"之所以很多人把放权想得那么可怕，就是因为他们从来没有试验过，其实每一个员工对待企业都是信守忠诚的，也都是心有尺度的，你越是把权力下放给他们，他们就越是不敢滥用权力。在樊登读书的几年，我就深刻地感受到了这一点，员工出差，住什么等级的酒店、乘什么级别的机舱从来都是由自己说了算，但即便是这样，一些高层工作者在出差的时候照样会自觉地去购买经济舱，没有一个人会随随便便地把钱花在头等舱的座位上。一旦出现了什么需要通知上级的事情，只需要在公网上发一个集体邮件，告知自己将要采取的举措和理由，就能顺利地通过，甚至都不需要获得上级的审批，原因也很简单，但凡是敢发集体邮件的东西，自己肯定是有清晰的道理和心理准备的，往往要求比所谓的"上级审批"反而更加严格。如此一来，公司团队看似是宽松的，却每天充满了朝气和动力，所有的一切都在自觉地运行，即便是有一天 CEO 几天不见影子，整个企业短期内也不会因此而出现什么大问题。这就是向下管理的魅力所在，它将权力下放在了每个人的心里，强化着他们对企业的忠诚，无形的规范将引领着他们自主地朝着更高的理想迈进。

向上、向下搞定以后，就到了横向管理这一关，很多人都觉得部门与部门之间的沟通实在太难了，各有各的优先级、利益及原则，尤其是作为一个部门的领导，部门里面你说了算，部门外面可就由不得你了。这里搞定横向沟通的简单工具，就是要尽可能地保持“2 对 1”，就是说你在说服一个人之前，需要先找另外一个有影响力的人，跟这个人先非正式沟通达成一致，再去跟最终决策人进行“2 对 1”的沟通，这个方法在大部分情况下都有很不错的效果。想要在一件事上说服别人需要做很多的工作，首先你必须准备充分，先在私下权衡利弊，把各个部门之间的需求和痛点搞清楚，然后再有意识地与他们进行一轮非正式的会面，把相互之间的内容协调好了，秉持双赢互惠原则，将主要矛盾提前解决。这样等到真正开大会的时候，你的发言阻力就不会那么大了，因为之前已经沟通过一轮，大家对你的想法和建议都有一定的概念和思想准备。如果你对你的个人观点和人缘有自信的话，那些琐碎的麻烦事儿你就已经规避了百分之六十了。

毫无疑问，这个世界的人才是流动的，今天你们是同事，可能明天就只能算朋友，但是如果你发现这个朋友在一个大公司做到了 CEO，这会不会意味着一个很大的机遇呢？如果可以，不妨再畅想一下，如果这样的朋友不止一个而是三十个，那又意味着什么呢？你不但在自己的事业上与他们互通有无，你还可以从中开辟自己的事业。即便是副业做个猎头，拥有这样的人脉资源，大家随便坐下来喝喝咖啡都有大把的钱赚。那样的氛围，那样的感觉，是不是要比自己紧锁眉头，闭门造车来得快活多了呢？

因此，我这里想说的是，别一提到管理就一脑门子官司，这是一个专属于你自己的必须要去做的游戏。该管的管起来，该理的理清楚，那些所谓的资源、价值、人脉、关系、市场、团队，就会在这个过程中有条不紊地与你的发展齐头并进了。

## 量体裁衣，找到企业中的潜力股

曾经有个同学问我："张博士，从能力到学历，我都算不得是个突出的人，但是我就是想年薪百万，有什么捷径吗？"这种问题刚一出来，必会引起一片哗然，有些人会想："做什么白日梦？"但我却告诉他："其实也不是不可能啊，这个白日梦值得一做，你只需要找到一家适合你的有潜力的公司，然后顺应着调整一下自己的生活方式，想要拿到年薪百万元也是可以的啊！"

那么什么才是有潜力的公司呢？首先我得问问你，你概念中最理想的生活是什么样的？不同的生活态度，决定了不同的职业需求，而能满足你需求的，才能算是一个好公司。所谓的完美职业发展，未必都在那些扎堆排大队的地方。你知道的好公司别人也知道，很多岗位都是几十人、上百人，甚至于上千人去竞争，但是有一些公司很好，市场份额是全球前三，大家却不知道名字，这些公司往往都在非常细分的领域。例如，食品级别吸管全球市场份额达到30%的双童吸管；有一个公司只制作医用的滚轴滑轮，但占据了这个市场的80%；还有钢琴行业，很多人肯定听说过斯坦威钢琴、雅马哈等，但是销售额领先的却是珠江钢琴。正所谓海底的金子最发光，当然，前提是你真的能够意识到，在诸多伪装下的它，是一家好公司。

那么这样的公司都是什么公司呢？比如上海有这么一家公司，员工需求量很少，专门经营各大网络公司的短信验证码生意，公司的设备很简单，工作的内容也很简单，所需要付诸行动的技能同样很简单。但就是这么一家企业，客户遍及整个世界，很多大型企业都在与它进行着稳定的合作，大部分中国互联网头部客户和国际互联网公司，例如脸书的部分验证码业务都是由这家公司完成的。它就这么点儿员工，可想而知，到了发放年终奖的时候，普通员工都几十万上百万元地领提成，而且低调到让你怀疑人生，什么叫真正的霸气，到那一刻你就真正知道了。

类似这样的公司还有很多，它们要么经营着一个稀缺的制造业业务，要么做着一些你连知道都不知道，但就是特别稀缺的行业营生，而且一做就接近于垄断，客户囊括了你能想象的所有知名企业。而这对于一个资历平平却有年薪百万元人生计划的年轻人来说，无非是宝藏级别的就业机会。因此，别说这个世界上有那么多的不可能，“潜力股”或许就在你身边，你上班的时候就经常路过它，它也一直都在招人，只是你一直都不知道罢了。

那么怎样为自己选择一家好企业呢？很多有斗志的年轻人或许会说："我有资本、有学历，我就是想好好锻炼，找到一家我觉得可以给我更多资源、更多机会、更多人脉的环境空间锻炼自己。"这种选择也很好，在我来看也是一种很积极的生活方式。那么这时候我们就可以利用手里的工具看看目前各大完美企业的发展曲线，看看究竟什么样的公司更适合自己的选择，更富有核心价值，在未来拥有更强大的竞争力。而这个工具就是智慧职场人经常会用到的"波士顿矩阵"。

秉持资深业内人的标准，我可以说这个工具是非常好用的，也是非常有名的。从曲线中我们可以看清两个东西，第一个是企业项目经营的市场增长水平，比如这家企业在市场业务增长上始终都是上升的，这也意味着始终都是在盈利的，而且如果是一个上升期接着一个上升期，那么毫无疑问，这意味着当下的这家企业实力相当雄厚，不会进行大裁员，反而会愿意吸纳更多的人才，那么这时候就可以看看它对于职位的招聘要求，说不定对你是一个不错的机会。

第二个就是要看，在市场行业领域中，它的生意占据了多大的份额，从另一角度来说，就是它垄断了多少资本。如果一个行业领域中只有那么几家资本强大的企业，而其中一家的份额占据了全部份额的百分之七十，那么毫无疑问，它绝对是行业领域的好公司。这样的公司步伐是相对稳定的，只要在市场竞争中它所经营的生意没有被现代某种新兴科技取代的危险，那么在这样的企业工作会更加稳定，同时不论是从薪资还是待遇来看都是相当可观的。

于是，图线、表格以及选择方向就都摆在眼前了，到底何去何从，自己心里就有一笔清楚账。很多人虽然能力好、学历好，但是努力是盲目的，拼了半天也没拼过别人。但有人虽然资质平平，却在选择上审时度势，最终给自己选择了一个相当满意的生活。由此看来并不是老天爷不够公平，也并不是你不够努力，人生真正的着眼点往往就在“选择”二字，不管是什么，只要选对了，很可能就会比别人少奋斗好多年。而那一系列的职场憋屈史，很可能就因为一个选择，就这样远远地离开你的世界。

## 别说资源太少，只是你还没开窍而已

曾经有个年轻人问我：“张博士，我刚入职，没资源怎么办？在这么好的一个公司混得下去吗？”我当时听了很纳闷地问：“你指的是什么呢？”他说：“我谁也不认识，也不知道谁能为我的未来提供助力。我的领导表情严肃，是一个从来不随便说话的人，老实说我真摸不清他的脾气。我每天坐在办公室里，面对的就那么几个人，他们每个人都特别谨慎，很少聊天也很少说笑，如果你下意识地跟他们交流，他们对你也是客客气气的，那种感觉快把我憋死了。我到底该怎么办？这辈子就只能这样了吗？”

我听了以后，想了想说：“你觉得你的领导怎么样，在企业里算是风云人物吗？”他回答：“嗯，在我眼中 CEO 他步伐稳健，里里外外都是一把好手，就是不苟言笑，每天实在太严肃了。”我听了以后说：“严肃自有严肃的道理，初涉职场，搞不定身边的同事，就好好地研究一下你的领导，若是有朝一日有了让你展示拳脚的机会，那就好好地使给他看，说不定你就能成为他的左膀右臂，他的关系就一点点地变成你的关系了。”“那又怎么样？哪儿那么好搞啊！”年轻人摇摇头，一脸难堪地说。“用人没有不用关系的，你肯定会遇到一些人，也一定要摆平一些事儿，这就是锻炼。摆平的事儿越多，越是会得到器重，这样一来，他走了，这个位置就是你的。他不走，你是他心中用着最踏实的人，他若以后来发达了，你这个老下属也可以受益良多，说不定你们还能合伙开辟一番事业，那时候的资源，不用你说，他都会玩命地给你。”

很多职场小白入职的时候总说自己没资源，不知道未来的前途在哪里，小心翼翼是应该的，但面对领导不表现就真的不应该了。就因为这个原因我经常对年轻人说：“之所以你总觉得前途无望，没有资源，是真的没有人给你开那个窍啊！”

我曾经就遇到一个年轻人，他在入职自己心仪的企业前，曾经利用各种途径好好地调察了一下自己的部门领导，经过权衡利弊，他最终放弃了其他公司的上好薪资，非得要跟自己心仪的偶像领导在一起。这时候朋友们都诧异地说：“你疯了吧，这么好的企业和薪资，为一个人你就不干啦？”他却有自己的思路，坚定不移地说：“薪资算什么，跟对人才是最重要的。”就这样他如愿以偿地见到了自己的领导，很快就与对方一拍即合，领导不但用心地栽培他，为他争取更多的晋升机会，还非常关心他的生活，给予了他无微不至的照顾。当然这种照顾从来都不是单一的，在这位领导手下的所有人都有以一当十的魄力和能力，每天激情四射，充满了朝气和活力。整个团队，白天热血奋战，晚上激情加班，面对重大的项目，从来没有一个人想过退缩。

年轻人说："我真的很幸运，在不到三十岁的年纪，在初涉职场不久就跟对了人。这时候你会发现，如果眼前的领导真是一个身心强大的人，你绝对能够从他身上学到很多东西，即便有些时候，你仅仅是在看，仅仅是在模仿，仅仅是在尾随其后，你都会有形无形地为他的智慧所感染，他会立足于你更长远的专业特长，无论是职场的道与术，还是特定于某一方面的经验指导，都会让你受益匪浅。此时你是有强烈的存在感和价值感的，他会让你真正找到你自己，而不是沦为一个'工具人'，或一个可以随时被抛弃的'电池'。他的身边永远不缺乏厉害的下属，而当你站在他们之中，单从气场上来说，你都会觉得自己特别有范儿！"

就这样，这位睿智的年轻人也成了团队精明骨干的一分子，具有了独当一面的能力。直到有一天，领导告诉他："我要离职了，去开拓自己的事业，现在资源有、机会有、前景也有，要不要跟我一起干啊！"年轻人很快成了创业公司的二把手，建立了丰富的人脉资源和客户储备。现在这家企业已经上市，光投资引流来的资本就足够雄厚，而年轻人手中也掌握了企业 30% 的原始股，瞬间他就从一个职场小白蜕变成了财富自由的小财主。很多人说："妈呀，你怎么转身转得这么快啊！"他笑笑说："跟对人，做对事，把所有的不对扔一边儿就什么都对了。"

现在就让我们权衡一下利弊，如果觉得自身条件差不多，才华也差不多，资本跟一般人相差无几，就努力看看自己还能朝着哪些方向努力。做对的事和把事做对的距离，有些时候缺的就是一道桥梁。那种感觉就好像在“象牙塔”的时候，一个学生只有找到一个英明的导师在学术上才能拥有进一步的发展一样。如果当下的一切都还只在起步阶段，那就不如瞄准该瞄准的，然后跟着战略目标稳步前行。正所谓强将手下无弱兵，找个人好好调教自己，总要比每天八小时都把自己困在无意义的格子间来得更有价值和意义吧！

## 你找对自己的“标签”了吗

很多刚刚入职的年轻人，甚至一些在职了很长时间的职场人都会犯一个毛病，那就是惯性自我否定，一看到企业的招聘信息，心里一下就没底了。这个不行，那个不行，自己只是平均水平。很着急，但是不知道怎么办，转身还是多刷刷抖音休息一下吧。难道这就是你自己想要的样子吗？

出于人力资源专业经验，我认为很多人之所以会自我否定，是因为他们没有找对属于自己的“标签”。他们没有看到自己的专长，以及所拥有的部分，而是过分地将眼光朝外，看着别人光鲜的“标签”内心惶恐。他们总觉得那才是真正的成功，却没有认真地思考，那所谓光环效应下的成功真的就那么适合自己吗？

我之前的一个人朋友很沮丧地来找我说："张博士，我最近工作好难找，投出去了几百份简历，大部分都没有音讯，仅有的几个面试我还失败了。现在没有工作两个月了，生活压力很大，房子都要断供了，还有孩子要养。我现在觉得自己一无是处，就是个彻彻底底的职场失败者。"我看了看他的简历说："让我来帮你看看吧，你自己后面的职业目标是啥啊？""我的同学都在大公司当领导了，可现在的我才仅仅是一个产品经理，尽管负责的产品看起来还可以，但比起人家的职业发展情况，我简直太无地自容了。"我看了他一眼，随后拿起来一支红笔，问道："你简单介绍一下你自己吧，我在你的简历上看不出来亮点。"他说："我毕业之后，因为学校一般，所以去的都是小公司，一共三家每家都一两百号人，没啥大公司经验，有带过一些新人。"我在他简历上画着，然后问道："那在这三家公司你进去和你走的时候都做了什么呢？"他想了一会儿答道："都是小公司，开始的时候是帮助做产品优化，后来在一家创业公司独立负责了一个产品上线，现在这个 App 使用量还是很不错的。"我这时打断他，说道："那我是不是可以理解为，你的优势是有三段初创团队和项目经验，对于 A 产品搭建有丰富的经验。如果这样的话，你看看互联网大公司里面一些需要创新或者和 A 产品有关的项目，然后把这个'标签'强化，就可能进入大公司，因为它们需要的就是多次和 A 产品有关的完整产品上线的经验。而从始至终都是大公司的人，很多都只做了某一部分，这样你就有差异化优势了。"

从他的简历中可以看到以下优势。

从事销售相关工作五年，经历过大型企业的项目推广工作；

灵活的应变能力和表达能力，能够快速协调客户与企业的关系；

拥有一定项目经纪的人脉资源，可以有效扩充职业资本，提高工作效率；

有强大的团队组织力，可以带领团队统一作业，快速实现那些战略目标；

……

就这样，我圈圈点点地画出了他很多的标签，说："你看，你哪里是一无是处，在我看来，你就是一个很有潜力的企业项目经纪人啊！"此时他还是一脸沉闷地说："可那不是我心目中向往的样子。"我说道："每个人来到这个世界上使命不同，也注定了自己所从事的职业各有不同，找到一份适合自己的职业，就如同认准了一个标配的生活。这就好像找老婆一样，漂亮的很好，有能力的很好，会过的很好，省钱的也很好，但这么多很好，唯有真正适合你的才是真的好。你看，其实现在你身上已经有很多'标签'了，这些'标签'都象征着你的实力，象征着你的职业素质，老实说如果真是应聘高级项目经纪人的话，我就会考虑要不要给你个机会。而你能做的事情，换作你那个什么大公司领导同学的话，他还真的未必能玩得转啊！所以，兄弟，认准自己的职业生活就好好干吧，找到自己的标配，才是真正找到了证明自己的可能啊！"

我曾经认识过这样一位高层，他在自己的工作上非常努力，也取得了傲人的成绩，但他每天都愁眉苦脸，好像工作给他带来的只有痛苦，没有半点幸福。问及原因，才知道，他所在的房地产项目公司，每天都要开高层会议，一开高层会议，就会讨论半天关于财务核算和报表的问题，这也就意味着他每天一上班，就要拿出很大的精力去处理这方面的工作，而他感觉这件事是让人相当痛苦和厌恶的。起初他还能坚持，但时间长了，他开始因为这份工作而抑郁，开始觉得人生没有意义，每天他都会因为这件事焦头烂额，到了晚上也难以入睡。他曾经有很多次想要辞职，但每到这个时候，爱人就对他说："这个职位这么紧俏，薪资那么可观，一家人都在指着你，怎么能说放弃就放弃呢？"

于是他找到了我，将自己的烦恼倾诉出来。我听了以后便拿出一张纸，将其对折，说："来，不管别人，让我们先给自己做个测评。白纸的这半端写当下职业的'标签'，可以是要求、每天的经历和你经历它的感受和情绪。然后在白纸的另半端写下你理想生活的状态，你最喜欢的工作项目以及你对这些项目的理解，你工作的感受以及参与这份工作所要花费的成本和代价是什么样的。你可以将两个区域中所有的职业"标签"都写出来，然后看看究竟应该如何调整自己的人生。"

于是这位高层开始认真地在纸上填写。从他写的内容来看，他觉得目前的工作是痛苦的、是自己不喜欢的，但是待遇和薪资都是一流的，除此之外其他的好处对于当下的他来说接近于零，他认为这份工作并没有给他带来十足的价值感和成就感。而另一面，我发现他最享受的工作内容，是研究建筑图纸。他是一个出色的地产项目工程师，这项工作会让他沉醉其中，体会到无比专注而快乐的成就感。他会全身心投入其中，甚至忘记时间的流动。他觉得那样的工作很令自己享受，只是在职位上，远远要逊色于自己当下的职位。

于是，我帮他精准地找到了自己的“标签”。我对他说：“其实你可以找到一家非常有影响力和竞争力的地产项目公司，从事你所热爱的项目工程师行业，你照样可以有自己的团队、有自己的发展空间，并且做的都是你自己想做的事，而且从职业生涯发展来看，项目工程师同样是一个很紧俏很有发展前途的职业。这意味着，如果你能成为其中佼佼者的话，你的薪资将与你当下所能拿到的薪资不相上下。唯一需要牺牲的就是你这个高层的职位，但好消息是，你就可以彻底跟那些烦人的报表说再见了。”听了我的话，他瞬间惊喜地说：“想不到我身上存在的是这样的‘标签’，我现在终于可以对职业生涯做出全新的选择了。”

很多人说职业就是一种实现成功的手段，但其实一种职业往往意味着一种生活。除非你对自己的生活状态有一个透彻的概念，知道自己想要什么生活、适合什么生活，否则即便是把别人认知下的好职业、好职位安在你身上，你也不会觉得快乐。这个世界上多半的成功人士，在别人看来可能不过是他在某一领域要比一般人做得更优秀，但之所以是这样，其主要原因是这件事能够让他更好地沉浸于自己选择的生活。人们总是在自己擅长的事情中才能够获得更多的能量，而唯有确切地认清了存在于自己个人系统中的那些重要标签，你才能将生命的诸多可能找出来。

所以，没必要过分地羡慕别人，找到自己擅长的，认准自己适合的，然后带着积极阳光的心态，自信满满地去和你的工作“谈恋爱”吧！

# 问题篇

## ——看清问题，明白为什么
## 就不再焦虑于为什么

# 第三章

# 向内：内观型驱动，先把该问的问清楚

## 消除内在冲突，先搞清楚自己想要什么

人们会尝试去面对一些复杂的生活事件，即便是最令人痛苦的，在表象之外，人类从不会对自己遭遇的事情束手无策。

生活中的例子比比皆是。我们如果生病了，要面对不同的焦虑源：痛苦、伤残、住院等；同时还必须表现出情绪的稳定和自足的形象，一边操心自己的经济问题，一边还要跟家人保持良好的关系……面对所有这些需要操心的事情，就必须不停地让心理和身体做出不同的举措，这会让人感到焦躁、厌倦，甚至于痛苦，这就是我们因内在冲突而产生的“卡壳”。

工作也是如此，明明上班已经很累了，却还要装得很开心。我也碰到过类似的事情，我待的公司大部分都是互联网公司，下班时间很晚。有一天晚上我 12 点才下班，刚到家，我老婆就在门口等着我。我那时非常开心，觉得她在等我下班，很不容易，但是接下来的话，让我失望透顶。她双手交叉抱在自己的胸前，也许是晚上有些冷，声音听起来很不开心，问道：“你为什么这么晚回家？”我有些摸不着头脑地说：“今天不是跟你讲过了吗？我今天晚上在公司加班会很晚的。”她愤愤地说：“你为什么要那么晚下班，就不能早点下班吗？”类似的场景也发生在我和母亲之间，她也总是质问我为什么下班这么晚。我非常地不理解，我工作是为了这个家

能够过得更好，我在公司也是被逼无奈要加班，不是我喜欢加班到晚上12点，为什么他们不能理解？然后就会出现当我下班很晚，回家之后还会装作对不起家人的样子，跟家人道歉，说下次一定早点回家，这时内心是极其痛苦的。后来一次偶然的机会，我看了关于焦虑症的书籍，发现这种情况很正常。解决这个问题的关键是我们不要被自己的情绪左右，我们需要想想事情真的如我们所想的一样吗？也许我的家人只是不知道怎么表达爱，也许对于他们来说，想跟我在一起度过更多时光这件事情非常重要，他们已经尽力用他们认为最好的方式来进行反馈了。是的，他们尽力了。这时我要想象自己的真正的样子应该是什么，是时候跟大家好好聊聊了。我花了一整个周末，布置了家里的氛围，弄了蜡烛和酒，跟家人们说说我工作的辛苦、每天加班的不容易，并且约定每周减少加班1天。后来事情变好了，我不需要装作在公司一帆风顺，装作我是多么厉害或者作为一个男性在家中应该总是有主意的，我跟家里人的交流变得越来越多，帮助我从自己内心的冲突中走了出来，找到了自己最重要的目标。

很多人会说，这跟工作有什么关系？就像开头我一直说的，工作是一种生活方式。你的工作会影响到你的家庭，你身边的人，同时你的家人和朋友也会影响你的工作。消除内心的冲突，让自己变得更加真实，找到自己的真正目标，会让生活和工作双丰收。

很多人说这个世界是如此繁华，繁华到很多事情让自己眼花缭乱。但是每当他们把手伸出来的时候，却抵不住内心的冲突，那些无形的负能量在自己的世界里循环往复，以致最终自己只能在那灯红酒绿的霓虹下茫然前行，偶尔会驻足，但怎么想都觉得这一切不会属于自己。

老实说我曾经也是这样，面对工作的选择，面对自己的简历，我一次次地问自己："可以不可以？"然后带着亢奋的步伐把它抛出去。我也曾经在接到录用通知的时候惊喜，但不到几秒钟，冲突就会席卷而来。有个声音在问我："你觉得你真的可以吗？你觉得你就那么地适合吗？"于是我对着镜子，默默地看着这个躯体发呆，直到好一会儿，那颗强大的内心才会重新注入力量进来，我开始意识到，如果现在不为自己做点什么，未来一定会后悔。

或许很多年轻人都有过类似的经历，我们的内心明明说着"我想要"，但是自我冲突感总会拿出多种理由对你说"你不行"。比如我就曾经和这样一位邻居的女儿聊天。她当时已经是一个孩子的母亲，满心的焦虑在她的眸子间始终挥之不去。她对我说："其实我也很想有你这样的生活，在大型的企业，经营着自己成功的事业。但我知道我不行，一切已经太晚了。"我听了以后很认真地说："也不算晚啊！如果你现在对自己的职场生涯进行一个认真的规划，就一定可以找到属于自己的位置，说不定会干得比我还出色哦。""可我现在已经是孩子的母亲。"她带着一缕忧伤说，"他每天哭闹又黏人，我根本无法寻找合适的工作。""嗯，冒昧地问一下，你是做什么工作的？"我试图拿出老本行想要给她一些中肯的建议。"我是报社编辑。现在疫情，社里也不稳定……"她情绪低落地说。

当她还要继续抱怨的时候，我打了一个响指说："那太好啦，你有写作的才能，现在很多'妈妈帮'的公众号就缺少你这样的人才。你还可以将自己与宝宝在一起的时光拍成视频建立自己的自媒体平台，与万千妈妈一起分享自己的育儿心得。如果你愿意，还可以成为育儿方面的专栏作家，甚至可以联系出版自己的图书作品。你的孩子就是一宝啊，只要你每天研究他，不管是从食物还是从生活，不管是从亲子互动还是单纯的吐槽，这些都是卖点，你完全可以一边带娃一边打造自己的事业。如果你足够成功的话，你会在几年之内做出五星级的高端公众号，你可以在陪着孩子一起成长的同时彻底实现财务自由。那是多美好的一件事，只要自己努力去做就好了。”

“可我还是觉得自己没有力量。”这位母亲说道，“他的哭闹让我根本没有写作的心情，我就算在编辑一份简历的时候，他都会哭泣。我看我这辈子算是完了。你说的生活很好，可要成功哪儿有那么容易？”

听完了这话，我也只能保持沉默，这个世界上做什么都没有容易的。外面送外卖的小哥不容易，办公室里打扫卫生的大姐不容易，动不动就被别人轰出来的推销员不容易，在格子间面对无数报表快要发疯的某某不容易……可这些不容易每天都在上演，照样有人在领着几千元基本工资的情况下，依靠理财知识实现了财务自由；照样有人利用下班的几个小时，练就视频制作技能，成为别人打开手机就眼前一亮的人。我可以说，好工作是自己选出来的，好生活也是自己选出来的，如果连你都不知道自己想要什么，难不成还要别人把所有的战利品送到你身边去吗？

我曾经见过这样一位年轻人，明明上了国内名校，却愣是自己把学给退了。他当时迷上了各种金融知识，用手中仅有的一点钱作为本金，开始了自己在理财生涯中的各种尝试。不到几个月的时间，10 万元本金就爆涨为了 100 万元。又过了几年，他已经是身家上千万元的股票基金经理人了。他不但出了自己的书，还注册了属于自己的微信公众号，和大家一起分享自己的理财心得和财经知识，眨眼间平台内就涌进了百万粉丝。就此，他终于成为自己生活的主人，彻底过上了别人想过又过不上的生活。当时我问他为什么要退学，他说："上学还不是为了赚钱，我已经知道我想要什么，我让自己赶上最好的时候，即便是付出一点小牺牲又有什么了不起的。上学的目的是什么？学知识。学知识就是一种消费，只要我想要，不管什么时候，都能找到相应的渠道。但是机会不一样，你看到它了，难不成真的要对这一切毫不在意吗？"

看，这就是两种截然不同的选择，而截然不同的选择也注定铸就截然不同的人生，一个认为自己此生就要被孩子牵绊得荒废前程，另一个则在一片哗然中做出人生决定，主动把握住了自己的命运。要我说，人生这件事，从来不分什么早晚，不管身处于什么样的境遇之中，你永远都会有自己的选择。而这个选择，很可能决定了你的明天。

## 完善好意识的五个WHY工程

曾经有个很出色的高管跟我调侃道："老实说，我觉得你们首要的一个头衔不是招聘者，而是企业中的哲学家。"我听了以后，很诧异，急忙追问有何高见。他想了想说：“这个世界上不管什么问题，多问自己几个问题很快就会上升到哲学的高度，而你们搞人力资源的可以说是企业上下问为什么最多的职业，你说你们不是哲学家，那么谁是哲学家呢？”

生命没有想当然的选择和遇见，很多人都抱怨自己走上了一条根本不适合自己的路，以致自己努力半天，还是不能在职场上做出成绩。很多刚毕业的大学生都会犯这样的毛病，因为在学校成绩平平，又不知道自己真正的天赋所在，浑浑噩噩毕业以后，父母便开始张罗着给他们找工作。也许此时他们心中也会升起想与不想的判断。但只要爸妈脸一板，朋友一劝，那点自主选择的动力就荡然无存了。

曾经有一个年轻人就说：“其实当时我也不知道自己适合什么，父母给我托关系找了一份工作，我也说不上喜欢。于是我把自己的想法告诉他们，他们马上就不高兴地说：‘你爸妈就这点本事，你又找不到更好的，眼看现在失业率这么高，有份工作就不错了，你还想怎么样？’于是那天以后我什么也没说，在一个小职员的职位上一直干到了现在。我隐隐觉得若是当时自己尝试着去选，应该会有更好的可能，但现在我已经三十多岁了，有孩子，有老婆，想要这时候辞职显然不现实，而且老实说，现在的我脱离了这个职位真的不知道自己还会干什么。我现在只能祈祷，这家企业千万不要裁员，否则真的没了工作，那未来可就麻烦了。”

老实说，每当我听到这样的经历，心中总是哀叹的，可这样的事情每天都在社会上上演着，很多人都不知道自己选择眼前的职业是为什么，然后便是在一片茫然之后的不知所措，最后便开始敷衍式地过日子，对朋友谎称那只是自己用来谋生的手段。显然，激情没了，选择没了，这样的职场人生是相当不健康的。

那么究竟怎样才能为自己选择一条最佳的职场之路呢？下面就给大家推荐一个思考工具，它就是我们在面试时经常用到的五个 WHY 模式。

所谓五个 WHY 模式，就是不断地针对自己职业的选择以“为什么”的形式发问。你可以按照下面的运作模式进行自我操作。

WHY1：你为什么会选择这个行业？

答：因为这个行业在诸多行业中很紧俏。

WHY2：你为什么觉得这个行业是最紧俏的？

答：因为别人都这么认为。

WHY3：你为什么觉得别人认为的就适合你？

答：因为我觉得我没有更好的选择。

WHY4：那你为什么没有更好的选择呢？

答：因为我不知道自己适合什么。

WHY5：那你为什么觉得这份职业就是适合你的优选呢？

答：也许我应该重新考虑我的职场规划了。

当你不断地问自己“为什么”的时候，这些“为什么”就会变得越来越深刻，它会带着你思考很多问题，将你凌乱的思路厘清，让你看到自己的盲点，开始意识到其实自己还有很多事情可以做。

相比于在盲目选择中沉沦，很多毕业的年轻人对待自己的职场规划其实是很有想法的，他们在学会了五个 WHY 模式以后，会随时用这种方式思考问题。曾经就有一个小女孩，冒着跟父母决裂的风险毅然放弃了他们苦心介绍的工作，投入了自己感兴趣的行业。她跟我说："若是当年我没有做出这样的选择，我想我一辈子都会后悔。他们给我介绍了银行职员的工作，说这是很多人削尖脑袋都进不去的好工作。结果我就是在问了好几个'为什么'以后，对他们说了'不'。我不能去，因为我知道那没有未来。"

我听了以后，问："你怎么就知道没有未来呢？"她说："首先我问自己，你喜欢这份工作吗？心中的回答就是'不'。然后我问自己为什么？回答是：那里所能学到的东西太少了。我又问自己，如果是这样，未来会意味着什么？回答是：银行的很多工作将被新设备取代，但那时他们就不需要那么多人了，我很有可能失业。第四个问题是：如果是这样那将意味着什么？答案是：到那时我的年龄不再占优势，还可能拖家带口，我所会的内容在那个时代一点用场都派不上，我将找不到更合适我的工作。最后我的问题是：所以你的选择是什么？答案是：不要再管父母的意见，任凭他们咆哮，做我自己。"

现在她已经是业内出名的自媒体主播，拥有着千万的粉丝，找她一起合作的商家不计其数。她说她每天都做着自己喜欢的事情，以自己的人生角度去经历自己的生活，不需要考虑朝九晚五的上班，不需要考虑让别人焦头烂额的房贷。房子、车、存款、周游世界的旅行，一切都有了，她很庆幸自己没有按照父母的规划凑合，否则这一切都会与自己失之交臂。

生命对每个人来说只有一次，而这有限的生命应该如何度过，完全都是自己选出来的。如果你想对自己的人生负责任，就不要莽撞地听从任何人的安排。多问自己几个“为什么”，或许要比别人告诉你该怎么做更靠谱。

## 低风险跃进不是不可以

经常有一些职场的年轻人问我：“张博士，我资历平平、业绩平平、能力平平，一切都没有什么特别的。论抗风险，我扛不过那些有能耐的；论打战绩，我可能也打不过那些有水平的；但我就是心有不甘啊，难不成这辈子就只能这样了？有没有什么低风险跃进的方法，让我这样的人也能实现财务自由？”或许当你听到这些话的时候，脑子里的第一反应是：“开什么玩笑？”但作为一个专业的人力资源从业者我要告诉你的是：“别灰心，一切皆有可能。”

没错，正如你想说的：“这个世界充满了博弈和竞争，能力强的人就要比能力弱的人更有市场。”但是如果你在某个关键点的选择上技高一筹，就如同是在股海中选对了最赚钱的股票。虽然刚开始看起来，它不过是一份再平常不过的工作，但是只要你选对了，眼前那微薄的薪资就不只是翻番儿那么简单了。

其实这样的事情在业内是很常见的，关键看你选择了怎样的企业、怎样的生活方式。它可以被划分为A、B、C几种不同的模式，每一种模式都将锻造无限的可能，说不定在一个不经意间，你在普通岗位上就可以身家千万。或许这时候你想说："张博士，你不是吹吧？"当然不是，我可以以自身专业水准保证，这就是当下行业自我运作中血淋淋的现实。

举几个例子。我有一个在强生工作的朋友，现在正就任法务工作，他以前也从来没有脱离过世界五百强企业，虽然去的都是非常不错的公司，但以他的工作性质来说，每天要面对的工作内容不过是一成不变的那么几样。他越发觉得自己在工作上捕捉不到获得百分之百成就的快感，于是便利用闲暇时间开辟了自己的私域平台，并在平台上做了一个小节目，每天利用五分钟的时间在上面普及劳动法。结果就此他的命运发生了翻天覆地的变化，就这么一个小小的节目，竟然瞬间吸引了上百万的粉丝。后来他还出版了自己的书，又顺利地完成了资源变现。现在他在双向工作体制中相当地惬意，以至于在我们喝下午茶的时候，他信心满满地对我说："现在我终于踏实了，即便是我现在的工作丢了，也照样能养活自己，而且说不定还会活得更好。"很显然他找到了自己赚钱的路径，花一点小钱，就做成了一个拥有强大资源的项目，这样的低成本投入，稳稳地把钱赚了。

此外还有一个朋友选择了一家很有潜力的创业公司，因为当时这家公司处在A轮融资以下，在业内还没有打出名气，但是从总体来看，很多地方都在往好的方向发展。于是自觉能力平平的他这次决定果断出手。没想到一投简历就成功入职了，他的经验是："其实当时这家企业的入职门槛挺低的，因为企业还处于初创时期，对人才的要求也没那么高，因为在品牌知名度方面还没有正式打出去，所以很多人都觉得这样的企业充斥着诸多不确定性。但是我去也是因为能从中看到机会，结果刚一入职月薪就比以前的同事高出几倍，这真是我没想到的。”

后来这个朋友所在的企业成功上市，握有期权的他瞬间身家千万元，当其他人在为实现第一个一百万元而“火拼”的时候，他一个企业普通的职员，已经身家千万元。各位想想吧，谁听到这个消息，心里不是一个惊叹号呢?

其实这样的事情真的太多太多了，很多人在入职的时候，就是一个政绩平平的小职员，甚至有人还是以客服的身份进入企业的，但就是因为自己选对了一家好公司，在企业创业的时候进入，最终手握期权的他们都得到了一笔丰厚的回报。这样的事情也曾经发生在我身上，从我的就业生涯来说，这样的事情先后发生过三次。而樊登读书可以说是我选定的第四家好公司，在这里，我有属于自己的发展空间，做到了一个理想的职位，而且还有着自己的选择信念和理想收入。所有的选择都从来不是一拍脑子就做出的决定。因为我在选择上越来越有建树，越来越精准，以至于每当朝着未来的远方看的时候，总觉得前途是光明的。

所以，现在就让自己坐下来好好权衡一下，看看自己究竟应该就职于一家什么样的企业。你既可以在找到一份稳定工作的同时，开创一份属于自己的全新事业，也可以从现在开始，认真地权衡每一家摆在你面前的企业，看看哪家是自己心中的潜力股。这个世界就是这样，有时候拼的不是能力而是自己的选择。机会随时都可能出现，只是要看自己该如何管理。天下没有绝对的一无是处，如果此时你真的觉得自己一切平平，那么不妨从这里，试着低风险跃进。以我个人观点来看，其实也没什么不可以。

## “一不爽就想离职”怎么办

前段时间朋友家的孩子给我打电话说：“你知道企业的领导有多难缠吗？现在好了，老子不伺候了，他爱找谁找谁去！”我听了以后不知该说些什么，停了许久也就蹦出了几个字：“那也是一种选择。”本来觉得那只是一个普通的电话，没想到还没到晚上，朋友又打电话来说：“你劝劝我儿子吧，他已经在几个月的时间炒了三个老板的鱿鱼了。”

很多人说现在的年轻人面对职业一点都不矜持，但凡工作干得有一点不顺心就要离职。今天领导给脸色了离职，明天跟同事关系不好了离职，后天有人给自己穿小鞋了离职，大后天空调冷气不运作了离职。于是乎，各种离职的理由可谓铺天盖地，企业伙食太难吃，公司报表太难做，会议气氛不友好，办公室里太沉闷……这个世界上没有那么多的完美，就算有也不是为一个没资本的人准备的。如果此时的自己，还不确定手里是否有两把刷子，那这时候就算真的甩手走了，对于任何企业来说也都算不上什么损失。

我曾经遇到过这样一个年轻人，他跟我说：“老师，我在公司太痛苦了，我在这儿根本找不到自己存在的意义。我想辞职。”

我默默地听完了他长达一个小时的抱怨之后说：“嗯，听你这么说，这个公司实在太糟糕了，把你搞成这样，真应该好好报复一下它。但是你现在走了不合适，因为你走了它也不痛不痒，不如留下来等待时机，等到自己羽翼丰满了以后，拉走它大批量的客户，再大张旗鼓地潇洒离开，这样才能将对方陷于最痛苦的尴尬境地。有了这样一记响亮的耳光，即便是走了，到哪儿都是有面子的。”

他听了以后，脸上露出了笑容。痛苦的表情一点都没有了。他对我说：“嗯，老师你说得很对。我现在在公司根本找不到存在的价值和意义，如果有一天我找到了，我就是无可替代的，到时候我一定可以好好地扇它一巴掌，告诉它我到底是谁。”

“所以你才需要好好努力啊。”我说道，“你要爱上你的工作，划定自己的核心目标，找到自己存在的价值和意义，你现在的目标就是要成为最优秀的自己。”

经过了长达一年的努力拼搏，年轻人终于坐到了高管的位置，独当一面的他威风凛凛，成了老总身边的左右手。于是这时候我开玩笑地说：“哎，现在可以报复了啊，你绝对可以让它特别尴尬。”可他却突然表情不自然了：“我现在混得很好啊，老板对我也很好，我觉得我能够在公司找到自己存在的意义和价值，我现在真的不想走了啊。”

其实就职场而言，每个人工作都有不爽的时候。企业是一所学校，也是一个小社会，在这里，你必须与一些人打交道，有些人你很喜欢，有些人你不喜欢。更何况每个人的每天，都有着自己不一样的脾气和决定，也许你的上司今天和颜悦色地交给你一份工作，第二天便火冒三丈地质问你说："我什么时候让你这么干了！"这就需要你在经历中不断地总结经验，看看怎样才能与对方达成默契。上司忘性大，自己就先做好工作日记，把他说的每句话都记下来。遇到不和睦的同事，在尽可能不得罪的情况下，敬而远之，看看应该从哪里得到更好的助力。工作太复杂，就把乏味的事情尽可能做得细致而有意思，不断地在无趣中捕捉自己的乐趣，直到把一切做得有条不紊。这本身就是一个人职业素质成长的过程，也是企业培养优秀人才的核心价值所在。如果此时，你真的不知道自己想要什么，也不知道手里的那两把刷子在哪里，我敢打包票，今天你从这家企业离职，过不了几个月也得被另一家企业轰出去。

其实，很多时候，同类企业之间的很多工作内容是没有太大差异的，你在这家企业遇到的事情在另一家企业可能还会遇到。一旦你又遇到了这些工作中的糟心事儿，难不成还要用大量的辞职信去逃避吗？其实，就职场环境来说，站在职场的每个人都可以有选择地成为优秀者。当一件陌生的事情光临自己的世界时，我们首先产生的感情应该是兴奋而不是畏难，因为不论是工作还是人生，都是由一个问题接一个问题组合而成的。生命的意义就是在无意义的时间本质下，优化自己的旅程，然后饶有兴趣地去解决一个又一个的问题。即便是再强的高手也经常会被一些棘手事难住，但没关系，一回生二回熟，人都是在不断总结经验中涅槃重生的。很多事情之所以暂时性的做得不好，是因为自己还不知道该怎么做。

举个简单的例子，你让一个在文学中徜徉的作家，立刻去扛枪指挥千军万马，这可能在初始阶段会很不现实，但是倘若他在之前接受了相应的训练，说不定凭借着自己写作、阅读的时候对社会、战争和人的心理的理解，会比单一接受军事训练的将军更富有应战能力。但是如果在开始的时候，他选择了放弃，也就没有了后面的可能。尽管从未来的角度来说，这个世界会少了一位富有军事才能的作家，但对于整个大环境来说，在他放弃努力的时候，有他没有他也并不是那么重要。

说到这儿，真的想劝慰一下那些多次辞职的年轻人，虽然工作对自己而言完全是你情我愿，在这个法律健全的时代，谁也不可能强迫你一定要做什么。但是倘若你的离去不会让自己越来越好，只是因为赌气，那这种对企业的报复就太不应该了。如今的时代，谁也不可能保证自己会在一份工作上一直干下去，但是如果有一天真的想离开，至少也要有个漂亮的转身，不是吗？

## 当你过于在意别人看法的时候

我经常会遇到很多在能力上非常优秀的年轻人，本来可以有机会大展宏图的他们，却经常意志消沉，总是觉得自己在企业中没有能量，虽然能做出点小成绩，但怎么也不能超过别人，领导对自己的态度也是不冷不热的，自己不管多么努力，就是达不到他的水准。有些时候明明自己做得很好，却最终得到了一个不那么美好的评判，真不知道自己的问题究竟出在哪里，以致在行动上越来越没动力了。

其实，现在很多人都会因别人的看法而陷入焦虑和自卑，只要对方表情一变，自己的心情就跟着变，可事实上，很可能对方当天只是因一些生活的琐事不在状态，而自己却要在那里如坐针毡，比被炒了鱿鱼还难受。我经常告诉身边的朋友，很多人之所以说你不行，有些时候并不是你真的不行，而是他们希望你不行。他们之所以希望你不行，是因为他们对自我的自私的考虑，跟你做得好与不好，很可能没有一点儿关系。

比如我曾经的一个同人，就干过这样的事情。他要招聘一个自己部门的助理，前来应聘的人有充满活力的，有资历颇深的，有独特建树的，有思路清晰的，他们在他面前表现得都很优秀，从一个正常用人的角度来说，都不失为一个好选择。但他每次都是微笑着对他们说："谢谢你选择我们公司，容我们再考虑一下。"这时候你可能会问，问题出在哪里？换作很多年轻人一定会开始对自己的能力产生怀疑，认为肯定是自己在某些方面做得不够好，自己不够优秀，配不上这家企业的文化。但事实是，他最终招聘了一个业绩平平，资历一般，但是做起事情来还算有条理的四十岁女士。问及原因，他的回答是："我是招助理，不是招对手，我不需要他们对自己的职场生涯再有什么展望，只要把手头的事情保质保量地做好就够了。"听听吧！如果被婉拒的那些年轻人听到了这样的答案，心中会作何感想呢？

因为过分听信于别人的看法，自己便慢慢活成了别人要求的样子，开始慢慢淡化自己对人生的需求，开始渐渐对自己的世界没有要求。或许此时你唯一的要求就是让身边的所有人都满意，但想做到这件事，其实仍然是很不容易的。

这个世界上每个人都有自私的一面，而且每一个灵魂都有操控别人的欲望。就像你投出简历想要让对方认同，别人的想法也很可能就是想引着你朝着他规划的方向迈进，而这个规划适不适合你他们不会考虑，他们考虑的是适不适合自己。

曾经有一个很有资历的老职场人意味深长地回忆道："记得我还是少年的时候，有一个特别好的朋友。我搞不明白一件事，每次快要考试的时候，他总是会对我发脾气，甚至好几天都不理我，而等到考试完毕，他又会跟我道歉，说是他考前焦虑症犯了。后来我就总结经验，发现他是在试图操控我的情绪，如果那几天我心情不好，发挥很可能就会不正常，而我们在学校里都是年级的尖子生，他当然很想排到我前面。于是从那一刻起，我就开始意识到，其实别人的想法有些时候并不是都那么靠谱。当然，他也给我上了一课，在我后来面临职场重大考验的时候，我开始遵循自己的想法，任由别人风雨雷电，我只遵行我的一定之规，最终我找到了属于自己的路，而且认为自己是正确的，那种被自己驾驭的感觉才是真正的自由。我开始越来越不在乎那些所谓别人的建议，有的就随便听听，至于那些不切实际的质疑，默不作声地让他们滚蛋吧！"

这个世界上有很多人都在顺着别人的想法而活，因为别人的想法动情，因为别人的想法焦虑，因为别人的想法选择，因为别人的想法痛苦。这些人际关系时常会潜移默化地作用到我们的世界，以至于开始一步步地吞噬我们的内心、我们的意志，让我们患上严重的职场依赖症，以至于有一天我们突然发现，倘若身边没有了那些“他们”，自己的脑袋就会一片空白，如果没有别人告诉自己该怎么做，自己的工作就不知道该怎么着手。实话说，这真是件相当可怕的事情。

对于工作来说，若是没有一定的自我主控权，你将很难从中找到自己的成就感，如果连这么一点点的成就感都没有，又拿什么去博弈整个人生的成功呢？曾经有一位职场人士说：“人生的选择不怕错，就怕这个选择不是你的。”因此，给自己几分钟好好想想，是定下心来走自己的路，还是继续在别人的指挥下成为别人手中的棋子呢？

# 第四章

# 向外：价值、段位、成本，这些你都想清楚了吗

## 入职速度太快，这样的企业能进吗

记得有段时间一个同学不断地给我发私信，说他现在对自己的职业问题很困惑，眼下莫名地接到了好几份录用通知，几乎是见了面没问几个问题就让上岗了。初来乍到的他总觉得有问题，于是问我其中究竟是否有诈。我看了这则短信以后，脑袋里的第一反应是：“不是说谁有诈，关键看你想要什么了。”

一般来说，这样见一次面就草率签约的基本上都是“一级压榨”级别的企业，之所以要人要得快，是因为他们需要的人才技术含量不高。你进来，就是精准的压榨对象，表现好，多压榨几天，表现不好的话就直接把你请出去。至于感情，从来都不是延长职业寿命的资本。但如果此时你真的急需用钱，对方给的薪水又很高，即便在这样的情形下看不到更美好的未来，其实这也算是个优选。

曾经就有个小伙子遇到了类似的问题，他被招聘到了一家企业，每天从早到晚忙忙碌碌。起初拼劲还很足，但慢慢地他就发现，这个职业根本没有所谓的未来，看着业绩虽然可观，但手里的项目和活儿却越来越有限，这意味着一旦有一天手里的任务完成了，无论干得好不好都得走人。怎么办呢？在那个漫长而难熬的夜晚，他一个人想了好久，最后还是决定将未来计划落实在笔头，看看自己未来究竟会有怎样的一个发展前途。

于是他将职业的生命曲线画成了一个有频率的抛物线——现在的自己，薪资可观，但三年以后，可能会没有工作。虽说三年不算长，但也可以做很多事情，于是他细致地制订了自己的学习计划，努力地跟进了很多事项，同时他还在课余时间深入学习营销领域知识来丰富自己。很多人看他每天日夜兼程的样子很纳闷，便问他："你那么紧张干吗？不如陪女朋友去兜兜风。"但他却笑笑说："三年以后的人生，刻不容缓啊！"

他对我说，那段时间他每天想的就是三年以后的日子，三年以后，自己离开应该是什么样子，离开了又该去哪儿。是继续去赚快钱，还是到一个能更好发展的地方去？而那个地方是什么样的？在那里的自己又应该是一个什么职位？他说每当他触碰书本的时候，自己就会觉得特别踏实，因为触碰它的时候，就仿佛在触碰未来。

于是在这三年里，他读完了三百本书，灵活掌握了一门外语，看了一百多门有关营销的经典课程，同时优化了自己的学历，对其进行了提升。就这样，三年以后，别人还是那个别人，但他已然不是那个自己，他去了一家优秀的创业公司，很快职位提升到营销经理的位置，接着公司获得了很大的盈利，成功上市，他又顺利地成了营销部副总裁。当和过去的同事一起聚会时，他们看到那个风度翩翩侃侃而谈的他简直都不敢相信自己的眼睛。很多人说："你运气好啊！"可他听到这句话却只是摇头说："你不知道我这么多年来都经历了什么，怎能说全是因为运气好啊！"

若是当下的你正在为生计发愁，那么不管这份工作是不是真的适应未来的发展，都需要把它牢牢地抓在手里，因为生计为立根之本，唯有解决了生计，才能谈及后续的发展。但这并不意味着，未来的人生就没有更多可能了，几年的时间虽然也是青春，却可以让我们自行地加载很多东西。这个世界上从来不缺努力的人，但缺少精准努力的人。有人眼睛里只看到了眼前的钱，却忘记了用赚来的钱为自己投资。于是，我们就看到十年前，一群朝气蓬勃的年轻人涌入职场，十年后，他们却过着各自差异悬殊的生活。之所以会有这样的呈现，不是谁和谁的能力有什么突出的差异，而是在于他们在这十年中究竟给自己选择了一种怎样的生活。

青春的年华匆匆易逝，十年的时光很长，五年的时光也不算短暂，细数下来，人生有几个十年，又有几个五年，而对于青春而言，十年的时光更是宝贵而短暂的。但总有人，在那里彻夜耕耘，也总有人会不认命地向上攀爬。而更精准的人，会列出计划认真地过好这十年的每一天。用十年去消遣，一晃而过，但用十年做事情，那所能做的事情实在太多了。

因此别担心当下自己这份工作赚的是不是快钱，把自己的每一天安排好，告诉自己该学什么、该抓住什么，什么是先天拥有的、什么是需要后天努力的。当将这一切看清楚了，就要好好地相信自己，相信自己的坚持，因为很可能十年以后，这世界上没什么是你不可以拥有的。

## 遭遇职场操控怎么办

“又被领导职场操控了。我该怎么办？”前段时间我在抖音上看到一条私信，言简意赅把心里的不满骂得那叫一个干脆。此言一出就得到了热烈响应，大家纷纷留言发表意见，而核心就是：“一句话，哥们儿，跟他死磕到底。”

很多职场年轻人在面对职场操控的时候，要么选择离职，要么选择跟自己的对手死磕，心中还默念着自己的原则：“我是打不死的蟑螂，就是喜欢看你赶又赶不走我、打又打不死我时焦虑的样子。”可是最后呢，对手一天到晚就在你的身边转悠，时不时地给你个小鞋穿，今天让你这样，明天让你那样，总是让你感觉他在整人这件事上有使不完的智慧。于是你开始情绪低落，开始手足无措，暴躁脾气上来，而人家就等着你那句“大爷我不伺候了”。

其实，对于职场操控这件事，很多人都经历过，谁也不能说自己是个例外。就拿我自己来说，曾经在一家公司任职的时候，客户提出了一个超出额度的要求，于是我就问领导能不能运作。当时他漫不经心地喝着咖啡，满脸微笑地说：“可以啊，运作吧。”于是我就赶紧给客户打电话，客户听到这个消息非常高兴，便亲自把电话打到领导那里确认加感谢。

结果谁也没想到，这家伙突然板起脸说："谁说的？没有这个事情。谁告诉你的？我们公司根本没有这样的规定。"当时就开电话免提找到我质问："这件事你到底怎么干的？"各位知道当时我的心情是什么样的吗？老实说，不矜持的我一下就蒙了。明明五分钟前你满脸堆笑地跟我说可以，转个身就翻脸不认人了。老实说，生气吗？真生气。但坐在办公桌上三分钟以后，我便清醒了。硬拼不值当，因为小人永远比你更懂整人的套路，也更有时间掌握整人的方法。与其跟他们没完没了，不如想想自己怎么样才能华丽转身，更好地离开这里。

于是，三年的时间，我拼命地学习，拼命地丰富自己，每天加班加到很晚，不断地进行自我完善和自我提升，最终我凭着自己的实力离开了公司，成为当下樊登读书的人力资源副总裁。

曾经有个职场资深人士说："职场如战场，不经历几个小人，就读不懂什么是人生。"小人随时都可能遇见，不明智的就会死磕，在他们身上浪费时间，但真正明智的人，应该都会和我的选择一样，奔赴向一条自我成就之路。人生是自己选择的，而不是小人帮你选择的，你越是允许他进入自己的视野和生活，越是会受到他的控制，若是每天因为这样一个人搞得上班很痛苦，老实说真的没那个必要。

还记得曾经有一个学生，跟我吐槽上学的经历，他说这个学校太垃圾了，同学跟自己关系不好，在那里真是没什么意义。于是我问他："为什么不转学呢？"他摇摇头说："这里师资还不错，有一定的可取之处。对于那些小人般的学渣，再渣也不是自己。"他说："对于我而言，我只是在这里跟他们共同存在一段时间，可能三年的时间里会发生很多事情，但这并不意味着他们可以影响或左右我的生活。三年以后，我会有我自己的人生，所以我必须好好学习，因为当我足够强的时候，才不至于再在另一个地方和学渣在一起。”

同样的道理，对于职场，谁也不可能要求一个人在一个职位上奋斗终生。每个人对自己的人生设计都有自己的选择，当下的你很可能只是跟这么特定的一群人暂时地待在一起，被这么一个类似小人的领导来管控着，但当下的格局并不能说明一切，社会对于工作的自我选择永远是宽泛的，我们可以随时离开，关键是要以什么样的状态和身价离开。当下所遇到的一切，若是处理不好，就会成为下一次的遇见，但若是你真的能看得明白，就一定知道自己该怎么做，在下一个转身，说不定就会有更好的职位找上你。

## 解决“职场斗争”的路径在哪里

“张博士，我该怎么办？”一个年轻职场人在抖音私信留言对我说，“我真受不了这个领导，经常变卦整我，不知道是哪儿得罪他了 。”我看了以后，默默偷笑，然后很不好意思地回复说：“这位同人，依我的判断，你还没有经历真正的职场斗争，你现在顶多说是遇到了个小人。”

很多人都说职场斗争是一个贬义词，事实上，就高层领导而言，职场斗争本身是一个中性词，它算是另眼看世界的思维能力，也就是我们常说的“职场斗争思维”。

比方说，有些时候我们会觉得很奇怪，为什么这么能干的领导偏偏要找一个这么笨拙的手下？为什么明明一个项目可以找个能人，却硬是把它给了一个没水平的人？是这个领导自己不清楚吗？可能未必。但只要这么做了，想必就有这么做的道理。

“可现在搞职场斗争的人就看上我了啊，我该怎么办？”或许此时有些同人会这么问我。对于这件事，你就得问问自己，这个领导能给你带来什么？他的价值究竟有多大？你能从他那里得到什么？他又值不值得让你自己参与斗争？若是不值得，那么我劝你最好赶紧给自己找找其他的路，因为一旦参与其中，很可能会对你未来的发展声誉带来影响。本来自己无错一身轻，却最后落得名声败坏、晚节不保，这样的结果实在是太不划算了。

我就见过这样的在职场斗争中的牺牲品，明明都是职场上的得力干将，结果经历了职场斗争，声誉发展受到了影响，跳槽都不好跳，因为别人一听到当年的经历，就已经足够让他们心惊肉跳了。我的一个很要好的同事就曾经跟我说：“把这么一个居心叵测的人调进公司里，不等着炸锅等什么呢？能力再好也不考虑。”

面对职场斗争，首先要对自己有一个明确而清醒的思考，问问自己上班是干吗来的？是跟老板论感情求得暂时的利益，还是以更好的自我提升去求得更美好的发展？其实选择领导这件事也是一门大学问。虽说职场斗争随时可能会出现，但要想想办法怎么才能让它不出现在自己这里。这么多家公司，这么多领导，这么多不同的利益和脾气，一家最好的、最适合自己的、最安全的、最放心的肯定是首选啦。我们首先要看清楚怎样才能不参与到职场斗争里，还要知道自己眼下推进的每一步里，都蕴藏着什么寓意，别人的事情要看一看，自己的事儿更要三思而后行。他们也许上来就让你当个愣头青，或是给你极其高的待遇，但欲望满足得越多，其中蕴含的潜在危机就越多。

但凡是欲望适中、正念充沛、思维清醒、步调平静的人，遭遇职场斗争的可能性就会比别人更少一些。原因很简单，他们知道你是个做事稳健的人，说一步，能知道三步，想要搬动这么个人不容易，他们就会想还是再看看别人吧。

因此，别说解决问题的钥匙没把握在自己手里，勇敢地为自己的人生做出选择，勇敢地把握好自己的方向盘，这是你的权利，也是你能过好生活的重要关键。

## 多次无效“内卷”，太疲累了怎么办

不可否认现在是一个鼓励行业“内卷”的时代，所有的企业都希望自己的员工付出百分之二百的努力，然后把更多的收益攥在自己手里。于是就会看到有很多年轻人，意气风发地来，奉献出了自己的青春，拿出了自己所有的智慧和努力，但几年过去了，他们要么还是在原来的岗位上毫无起色，要么就已经被企业扫地出门，而第二天又有新的一拨年轻人朝气蓬勃地来，沿着他们的老路继续前行。

于是很多人都开始抱怨，为什么自己的职场努力总是在企业的无效“内卷”中循环往复，自己究竟做错了什么，以至于一家甚至多家企业以同样的方式对待自己。我曾经就有一个非常好的朋友，进了一家国际化招聘公司。他们那一批当时留下来的有五个人，一进门公司领导就直截了当地对他们说：“你们的考核时间是半年，这半年中谁在业务上做得最好，谁就能够留在企业，而其余的四个人必须走人。”想想看，听了这样的话，不管是谁心里都会觉得紧张吧。

于是怎么办呢？答案很简单，就是一句话：“拼着干！”那段时间，这几个人的工作业绩都是相当了得，每天早早来上班，比着谁最晚下班。即便是这样，最终的胜出者也只有一个。当然很幸运，我的朋友胜出了。但胜出以后的他突然发现一个问题，那就是自己的职业水平貌似受到了局限，在经历上升平台的时候总出现效率问题。这种瓶颈困扰了他很长时间，以至于他根本不知道怎样才能自我解脱。后来他找到我谈论到这个事情，我摇摇头说：“老兄，你现在需要的不是拼命干，而是需要给灵感休养的时间。如果效率出问题，真的需要你暂时地休息一下，那么适度给自己放个假也未尝不可啊！”

其实年轻人在职场都会出现类似的问题，企业给了他们工作项目以后，他们就会全力以赴地扑上前去，他们在职场活力的旺盛期会展示出自己所有的能力和天赋，以至于不到几年的时间就把自己的“内存”掏得一干二净。虽然每天很早来上班，很晚才下班，但是到裁员的时候，还是在队列里看到了自己，其主要原因就在于，他们没有看清“内卷”里的真实概念，不明白什么是有效的，什么是无效的。

所谓无效“内卷”，就是无限量只进不出地奉献，将自己的时间、精力和热血毫无保留地奉献在一股风过后就什么都没有的职业内容上。这样时间长了以后，就会在时间的推移和繁重的工作压力下陷入疲倦，有些人会忽然发现自己明明以前可以五小时干完的事情，现在一天也不见得能完成，而自己已经是那么地努力。

而有效“内卷”，常常是在一个人有计划、有自我标的的状况下进行的。他们从一开始就知道自己进入这家公司的目的是什么，自己希望通过工作赚得什么，自己在短期或长期内需要实现什么。因此他们就要比一般人有效率得多。同样是加班，人家加班的内容就要比盲目无效的人精准得多。他们会对自己说：“也许三年内，我就会离开这家公司，而当我离开的时候，我至少应该从这家公司赢得点什么，不管是项目的运营能力、行业内能，抑或是大规模的人脉资源，因为自己心中始终有着相应的着重点，所以付出的努力从来都不是无私的奉献。”

看到了吗，一个是毫无意义的自我牺牲，另一个是精准地赚得自我价值和利润，两者的努力在呈现上差不多，但在着重点上却千差万别。有目的的人永远都在前行的过程中心花怒放，因为他们知道所有的工作都是为了自己。而盲目“内卷”的人，无非就是好好地努力，为了被自己的领导看上，可领导想什么你真的知道吗？他们怎么看待你，你真的能那么明白吗？

我曾经就有一个做领导的朋友，一次一起喝下午茶的时候他就对我说：“你看我们单位那些新来的年轻人各个西装笔挺，跟打了鸡血一样，虽说我们每个人都鼓励他们好好干，但是咱老实说，谁都知道他们干不长。那些岗位，稍加培训是个人就能上，公司要的就是那股子朝气蓬勃的劲儿，等到青春饭吃完了，也就该走人了，到时候新的一批又会进来。我这个做领导的啊，看他们一批一批的就跟班主任看学生毕业一样，早晚是要散伙的。”听了这话，我也只能是摇头，然后随口问了一句：“有精明点的没有？”“有啊。”朋友喝了一口茶对我说，“也留不住。”“为什么？”我问道。“来这儿都是有目的的，要学什么、要拿什么，自己早就知道。等到该学的学了、该拿的拿了，跳板的任务完成了人也就拜拜了。要不然怎么办？让我当冤大头？教会了徒弟，饿死了师傅，把自己的饭碗让出来吗？”想想吧，若是这些话让刚入职的年轻人听到，他们究竟会作何感想呢？

作为刚入职的新职场人，竞争是很正常的事情，如果大家面对的情况都是一样的，所要面对的结果可能也是一样的，那么在一样的内容和一样的时间下，是否可以更有效率地对自己进行选择呢？如果在经历职场磨炼的过程中，努力为自己做些事情，该提升的提升、该努力的努力、该经历的经历、该思考的思考，当这一系列套路式的演练重复个两三次以后，那自己也算是没有白来，即便是最终自己真的离开了，也不会是两手空空。你也许会选择另外的一家企业，递上简历，也可以在面对面试者的时候对自己上一段的职场生涯侃侃而谈。相比于那种盲目努力的年轻人，你觉得面试者会选谁呢？

现在你已经明白了“内卷”逻辑下的拼搏策略，那就从现在起，去掉那些盲目努力的部分吧。这个世界上没有人能把握你的命运，除非你把自己毫无保留地交到别人手里。其实不管在什么样的环境下，聪明的人都可以大范围地赚到属于自己的资本，而这一点就群体竞争而言，也是最精准、最富智慧的制胜法则了。

# 对症篇

## ——扫描原因，症结搞不清楚谈什么后来

# 第五章

# 『如何做对的事儿』和『怎样把事儿做对』

## 效能波动，找到自己的疲劳因素

很多喜欢骑行运动的人都知道，想要在运动中百分之百地享受到它的速度与激情，首先就是把自己骑行的场地选择好。要有上坡，也要有平坡，要有冲刺，也要有缓行，我们可以在其中体验爬坡的艰辛，也可以在下山的时候体验俯冲的快感。这样的场地设计会让整个运动渐入佳境，每一个部分都恰到好处，而且全部骑行下来也不会觉得特别疲惫。

运动是为了让我们的身体更好，精力更加旺盛，而不是让自己就此深陷疲惫，好几个星期都缓不过来。工作也是如此，如果你的工作总是处于一种百米冲刺的状态，一个星期还好，两个星期也行，但若是一直这样下去，即便你自己觉得速度没下来，工作内容的效率也会出现问题。原因很简单，累了就是累了，你的身体不会跟你撒谎，你的精力上限更不会。

曾经有一个职场青年人问我："张博士，我不知道为什么，我很努力地工作，每天都拿出百米冲刺的劲头，可是时间长了，总觉得对工作力不从心，眼看出错率也越来越高，领导的眉头总是皱着，我到底该怎么办呢？"我听了以后，很同情地看着他说："你的领导也没让你一定要这么努力工作啊！所谓的效能管理首先是要学会自我的精力管理。昂头挺胸的人多半是战士，那是在必须要付出牺牲的时候，才展现出的勇气。而就我们平时而言，最智慧的表现应该是含胸拔背的，在工作的过程中不忘保护好自己，内敛而不张扬，这才是我们面对工作时最好的状态。”

现在很多年轻的职场人刚一上岗都可亢奋了，明明需要几个小时才能完成的工作，你看他不到两三个小时就完成了。结果完成以后你一看，错误百出，活儿总做得不是那么精细。他们过度地追求效率，想要好好表现，但表现过头以后，反而让人觉得不靠谱。相反，很多老职场人，每天都给自己订立工作计划，该几小时完成的工作，一步都不会拖延地准时准点完成，而且论质量一定会比那些新入职的人高出很多。原因很简单，他们的工作是有节奏的，该主动出击的时候就主动出击，该含蓄内敛的时候就含蓄内敛，每一段时间历程中都有自己流畅的自我规划，所以领导每次接到他们的项目报告，总是让人一目清新。两者对比，想想看，如果你是领导你会选择谁呢？

不可否认，对于一些领导来说，组织自己的团队通宵达旦地做项目是常有的事，但这种常有是建立在完成标的以后痛快地放假休息的基础上的。倘若通宵达旦是每一天要经历的事情，想必任何一个团队都会因此而失去活力。

曾经有一个年轻人跟我抱怨：“张博士，你知道刚刚辞退我的这家公司究竟有多冷血吗？”我听了以后很诧异地说：“出现什么问题了呢？”“他们把我招进来以后，就通宵达旦地利用我，早上很早上班，晚上末班车都没有了我才回家。每天的工作都是忙忙碌碌的，加班加到很晚。我就这样一直兢兢业业地做，却觉得自己越是能完成任务，他们给的工作内容就越多。结果最后我发现自己的脑子总是昏昏沉沉的，体力也出现了问题。直到有一天，出现一个不经意的小错误，他们便顺理成章地开了我。原因我也知道，我没什么利用价值了。”

我听了以后，点点头说：“也可以理解，但你发现你的核心错误出在哪儿了吗？”“我？我不知道。”年轻人说道，“我觉得他们实在太压榨了！”我打了一个暂停的手势对他说：“我问你，公司第一次给你任务的时候，你是怎么完成的？”“当时他们给我派发了五项任务，我在不到两个小时的时间内就完成了。”他很自豪地说。“那后来发生了什么呢？”我接着问。“他们又给我派发了十项任务，我只在三个小时内就完成了。”“然后呢？”我继续问道。“任务越来越多。”年轻人低着头抱怨道。

听完了这些，我点头笑着说：“问题就出在这里了，你给了企业一个错觉，就是他们没有把足够的工作量派发给你。当你一再地用自己的精力打拼，人家就一再地给你补货，直到你觉得招架不住了，人家一看你出货的层次，残次的内容太多，就会怀疑到你的能力。这时候你精力低下，根本拿不出好的作品，人家不开你又去开谁呢？如果我是你的领导，我看着这么一堆破烂的残次品想必也会冒火生气呢！其实你从一开始就错了，分配给你五项工作，又有足够的时间，就精准地把它们做到最好就好。这本不需要你花费更大的精力成本，只需要认真地把手头的事情做到尽善尽美就好。但你却总想着要表现，以至于工作量越来越大，活儿的质量还越来越差劲，工资没有提升多少，自己累个半死还不讨好，这难道不都是你自己自找的？这又是何苦呢？”

很多父母在孩子找到工作时总会劝慰他们说：“多干活儿，少说话，在企业要好好表现，能做什么就尽量地多做。”这话听起来，挺积极的，但结论却是个谬误。干活儿不在于多，而在于你能把活儿干好。不管企业分配什么任务，你能够在它规定的时间内，把手里的活儿干得漂亮就足够可以证明你的实力了。它有时候并不需要你多做，而是想要看到你所做内容的成果。我们要记住“萝卜快了不洗泥”这句老话，完善好自己的效率枢纽，若不是必要的速度比拼，就别没事儿给自己找麻烦了。

## 突破舒适区，你才能做到最好

我曾参加一个年轻人的聚会，作为一个老职场人，我接收到了他们在职场中的各种吐槽。一个年轻人说：“现在的企业总是给予职场人高压政策，明明时间上就不可能完成，非得要在这个时候见证实力。”一个年轻的女孩儿抿了一口鸡尾酒说道：“它要给我三倍的工资，我就干。我能干得比它想得还漂亮。”一个男孩儿扮了个鬼脸笑道：“可是压榨得你不行，工资才这么一点点。”“我们的领导就会‘煲鸡汤’，让别人跟他一起混。”另一个人说，“结果项目成了功劳都是他的，剩下这么点小‘菜皮’，还不够到小卖部买醋的呢。”

听了他们的话，我只能淡淡地笑，为了不破坏他们的心情，我选择了暂时离开。说真的，若是这样的思想形成惯性，总是在意识中储蓄舒适区的感受，即便是企业再好，也很难帮助他们过上想要的生活。

我曾经问过一些年轻人："你们意识中最美好的工作状态是什么样的？"他们想了想说："宽大的办公室，舒适一流的工作环境，人人尊敬的关系状态，还有年薪百万的薪资。"我听了以后，点点头说："嗯，不错！那么你们准备为这样的工作状态付出什么，又能对这样的工作状态付出什么呢？"不论是企业还是学校，能力的培养和技能的培养，过程都不可能用舒适来形容，但是很多年轻人却始终在意识中给自己留着属于自己的舒适圈和自己的舒适梦。他们只想要拥有，却不希望在工作中有更多的额外内容麻烦到自己，只要一出现工作，他们首先想到的是抱怨，"为什么给我的工作这么难？""为什么有这么大的工作量？""为什么不让别人做？""为什么量那么大，工资不见起色？"于是在接到工作以后，根本提不起兴奋度，能糊弄就糊弄。最终该展示能力的时候没展示出来，工作几年了，在领导面前还好像是个陌生人。想想吧，这样的职场经历多可怕，即便是干的年头再多，别人连名字都记不住又有什么意义呢？

作为多年在大型企业任职的人力资源从业者，我认为世界上的所有人在能力上都是有潜力的，只不过有人一辈子都没挖掘出来，有人却在被逼到绝境的时候，开始意识到自己还有另外一双翅膀。比如我就曾经遇到过这样一个小女孩儿。她是做设计的，当时她所隶属的设计公司接到一个急活，要求一天之内就要把全部的企业网站设计完毕，很多人都说这根本不可能，但是小姑娘却蔫蔫地说："不妨让我试试吧。"她从很早就起来开始做，一直坐在电脑前工作，中午点了个外卖就继续工作，晚上别人都走了，她一边喝着可乐提神一边工作，夜深人静别人睡觉了，她还在那里挑战极限。直到第二天，当别人顶着太阳来上班的时候，她睡倒在了自己的工位上。结果领导一看她的电脑，被眼前的一切惊呆了，小姑娘做的设计可以说精美到了极致，所有企业要求的内容都被安排了上去。于是他赶紧号召大家，以此为基础再进行细节完善，不到一个小时便交了活儿。对方对他们的成果很满意，小姑娘也就这样顺利地晋升为了部门主管，要知道在她这样的年纪，入职还不到一年的资历，对整个企业来说已经是破例中的破例了。

我想说的是，这个世界没有那么多的不可能，不可能都是你认知上的自我局限。如果我们能够打破这种局限，在不可能意识到来的时候逼自己一把，可能下一秒就会有奇迹发生。让我们打一个现实的比方，比如现在领导要求你将七天的活儿在五天干完，问你有没有信心。如果此时你不是忙于抱怨，而是抱着“那就干吧”！的魄力，那说不定在这五天中你会有不小的收获。如果七天的事情你五天能够完成得很好，而且类似的事情都能拿下，那么毫无疑问你自身的职业能力也跟着稳步提高了。即便有一天，你不在这家公司，当你入职另一家企业的时候，这样的能力和资历也会为你后续的职场生涯增色不少。

这个世界中所有美好的呈现都不是抱怨能成就的，因为心情在哪里，所呈现的内容也会在哪里。对于一个够得上成功的职场人来说，他们在接受任何工作挑战的时候都是亢奋的，面对诸多困难的问题也是充满激情的。这就好像一位数学家，带着满满的斗志攻克一道数学题一样，他们坚信天下就没有自己解决不了的问题。难点来了，他们会对自己说："哈，游戏变得有意思了。"困难到了，他们会说："哈，问题找上我了。"在他们的工作中，从来都找不到痛苦，他们喜欢将自己的生命沉浸其中，而越是经历挑战，他们就越会变得英勇，变得所向无敌。

曾经有一位老职场人在跟我聊天时说："你知道什么人在所有人都上火的时候，依然干劲儿十足吗？"我笑着说："愿听赐教！""善于着急的人。"他一边喝茶一边说，"因为他每天经历的事情都是让人着急上火的事，所以着急上火就在他生命中形成了惯性，别人乱了方寸的时候，他觉得他只是在经历生活，所以他永远都不会乱，总会在最对的时间做出最对的选择，随后在行动策略上发挥出自己最佳的表现。兄弟，成功的人是怎么历练出来的，百分之八十，都是从善于着急开始的。"

这个世界上没有舒适区练就出的成功，之所以那些看起来舒适的形式被有些人享有，无非是为了促使这些人在接下来的工作中，能足够好、足够大、足够多地创造别人创造不出的价值。所以，这里想对年轻人说一句，放下那些舒适区的幻想吧！那些你所想得到的，都将化作别人眼中的利润成本，在你是否值得的衡量标准中，化作各色符号，不断地点评你的能力，影响你的工作，作用你的人生。

## 管理时间，让自我效能稳步前行

自从开了抖音账号以后，很多年轻的职场朋友都会给我留言，其中我也收到了很多大大小小的吐槽内容。有一个朋友就跟我抱怨："我真不知道自己错在哪了，在职场中我就是一个兢兢业业的老黄牛，早上别人没到的时候我就到了，晚上别人走的时候我还没走，回到家，领导动不动就是一通"追魂夺命电话"，即便是影响了自己的生活我也没有拒绝过。怎么就这样对方还是不满意，动不动就给我甩脸色？要不是想着现在工作不好找，我真的就不想干了。"

其实，说到"追魂夺命电话"恐怕很多职场人都不会陌生，明明周末是自己的，但领导周五晚上就会给你连续打好几个电话，一边跟你谈工作一边怂恿你去加班，搞得本来安排好的周末都跟着乱了头绪。起初自己还会妥协式地应付一下，但越到后头，脾气越是会见长。曾经就有一个年轻人跟我吐槽道："晚上九点了，我刚要睡觉，对方一个电话打来，聊了足足有一个小时。他人在英国，时差是白天，我聊完了就根本睡不着了，又是安排工作，又是要求计划，一晚上我就想着这些在被子里面翻来覆去。结果第二天顶着熊猫眼上班，该到处理工作的时候，却发现自己什么都想不起来了，随后就是在视频会议上挨批，领导说我工作不在状态，办事没有效率。我心想就你这么折腾，我能有效率吗？”我听了以后，同情地点点头说：“作为一个老职场人我很理解，但是这并不是自己不能管控的，与其用妥协的方式让对方给你制造麻烦，不如用自我管控的方式帮助他养成习惯，什么时候是工作时间，什么时候是自己的时间，你可以告诉对方。在一个时间以后你就要进入自己的时间模式，这时候手机会调成无人接听模式，任何人都打不进来，所以有什么事情最好都在工作时间内提前交代和解决。”

现在，很多职场人都已经开始对自己的时间效能进行管控，工作时是一个手机号，生活时是另一个手机号，工作的手机号在下班以后就会关机，而生活的手机号会在属于自己的空间内开启。时间长了，老板自己也就明白了规律，所以打“追魂夺命电话”的概率也就减少了。

老实说，我曾经也遇到过类似的问题，第二天早上起来一开机发现手机里爆出了六个部门领导的未接电话，他们在企业工作微信群也不断在找我询问问题。但很遗憾，我晚上九点以后终结一切工作，所有人都知道，九点以后即便是多么麻烦的事情，都不应该来找我，除非第二天早上五点我开机，以我的时间规划开启第二天的工作模式。之所以我的手机会在晚上九点变成“关门谢客”的模式，原因很简单，那就是我知道第二天要早起，要以最好的状态面对新的工作。但这并不意味着我对自己的工作不负责任，因为我的工作惯性是在晚上九点前将所有要面对的工作全部解决干净，而至于九点以后的内容，就得等到我第二天五点钟起来以后一一回复。

起初很多人都觉得我这样的状态有些不通人情，但时间长了，大家就开始顺应我的节奏了。我并没有因此而丢掉自己的饭碗，反而更好地把握了自己的工作效率，找到了属于自己的节奏。其实照理说，如果一个领导总是半夜三更给员工打电话，要求员工做一些工作，这样的行为本身就说明他在个人的工作能力上出了问题。好的领导一定会把握好每一个员工的时间，将工作限定在他们所能付出的工作时间额度之内。这样所有员工的工作时间表才是由他把握的，既不会因此而面对无休止的抱怨，也不会在自我规划和工作日程规划上让自己失控。这可以说是优秀领导的基本素质，作为新职场人，看自己有没有跟对人，完全可以从这个方面进行考量。

我承认领导安排的工作有些时候在时间上会存在变化和冲突，但大多数情况下，是没有任何一件事不可以在第二天上班的时候解决的。一味地占用别人个人时间的领导很容易在工作和生活中造成团队成员的各种错乱，而这种错乱对企业和团队的经营没有任何好处。因此，不管当下的你是领导还是员工，都需要对自己每一天的时间做出规划和选择。我们可以向团队和领导规定出一个时间节点，让对方在节点以前随时都可以找到自己，而过了节点，该属于自己的时间就是属于自己的。这不仅仅是一个工作原则问题，它也与我们后续的工作日程安排和工作效率挂钩。

想象一下吧，当你精心地安排好了今天所有的工作日程，眼看一切即将落幕，对方一个“追魂夺命电话”出现，很可能你后续的一系列思路就会被打乱。本来这些琐碎的事情已经与自己当天的工作无关，却还要迫使你不得不去思考。结果等到早上真的可以安排一切的时候，你的思维反而变得不那么清晰了，你不知道怎么应付当下的工作，也不知道怎么更好地回复电子邮件，你不知道自己应该先干什么后干什么，也不知道是应该把看似紧急，其实并不那么紧急的事先做完，还是把那些真正要命的事先解决掉。总而言之，你一边揣摩着领导的心情，一边混乱着自己的思绪，然后你团队的成员也开始在不确定中进入角色，整个摊子都慢慢变得凌乱起来，所有的考虑都开始变得不那么精准了。长此以往，办事效率究竟会怎样，不用说大家闭着眼睛都知道。

优秀的员工，不是好说话的员工，而是在精准的时间内把事做漂亮的员工。他不会影响任何一个项目的日程，但是随时都可以把握自己的工作节奏，一切有条不紊，不管领导的思绪是否陷入凌乱，他这里的思路永远是清晰的，甚至可以用零误差的分辨率解决这些事情。这样的员工谁不想要？即便是怠慢了几次老板的“追魂夺命电话”，想必他也是万万舍不得开除的吧。

## 能力上限，别说加薪你就能做得更好

“为什么不出活儿？”

“因为薪资没动力！”

“那你想怎么样？”

“如果你给我更高的薪水，我干得绝对让你满意。”

这样的对话经常在一些年轻员工想甩手走人的时候发生，他们总是觉得老板给的钱太少，并且认为老板太偏心，明明自己每天累得跟狗一样，手里拿到的钱却总是那么一点点。而别人呢？宽大的办公室坐着，上好的薪资拿着，每天看起来也不过就是坐在电脑前敲敲手指头而已，凭什么一切好事儿都是他的？于是很多人都开始愤愤不平起来，各种风言风语也就跟着来了，结果闹到老板那里就会被直接踹出来：“你要是一年给我带来个几千万元的利润，我也这么对你。”什么是差距，听了这句话，你应该知道差距在哪儿了吧？

很多人之所以觉得现在工作没动力，就是因为觉得自己没有拿到更高的薪资，但是假如现在我给你三倍的工资，将拥有三倍工资者的工作内容交给你，你真的能完美完成吗？有些时候，我们必须承认，每个人的能力都是有上限的，别人能办到的事，可能对自己来说就是数不清的瓶颈，老板之所以把钱给他不给你，从客观上来说也是有自己的道理的。

比方说曾经就有这么一个做编剧的年轻人，他每天都在抱怨老板把自己累得太惨，给的工资才那么一点点。他对我说：“我每天就被搁置在巴掌大小的格子间里，一堆的剧本要去处理、润色，每天起得比鸡早，睡得比猫头鹰还晚，到头来工资就这么一点点。一点点不说，老板还总发脾气，动不动就把离职挂在嘴边，经常骂骂咧咧地说‘干不干，不干走人’。你知道我那时是什么心情？就在隔壁，另一个办公室，永远放着动听的音乐，摆着咖啡、水果，团队成员坐在一起，经常是聊得酣畅、笑得痛快，好像从来都不为任何工作烦恼似的。而老板进到那个空间，也是说变脸就变脸，他永远是喜笑颜开、心花怒放，不对里面的任何人生气，好像那些年轻人都是他的亲闺女、亲儿子一样。我真不知道为什么在人家那就是天堂，在我这儿就是地狱。”

我听了以后，笑着对他说：“问题就在于，你的工作是个人培训一下就能应付，而他们的工作，是需要用更好的薪资和更完美的工作环境去培育的。说句可能会伤害到你的话，任何行业都有自己的三六九等，同样一份工作，一个普通的编剧是一个水平，中等的是一个水平，上等的是一个水平，写过好莱坞大片的又一个水平。不同的层次，不同的水准，不同的地位，不同的薪资，那是很正常的事情。若问到原因，就在于他们能给企业带来更多的收益和回报，企业为了能够赢得这份回报，才给了他们你眼前看到的一切。老板希望以这种方式更好地激发他们的创造力，以此来获得更精致的东西。如果这份东西真的出来了，他的利润很可能就会翻番，你说对这些人他的脾气能不好吗？”

曾经有一个专栏作家跟我回忆他一步步晋升的征程，她说：“张博士，你知道吗？干我们这行也不是一蹴而就的。就拿我来说吧！当年的我，第一份工作是在一家小型图书公司，进行最基本的组稿，领导会不断地考评我们组稿的工作，然后从中找出能自己写一些东西的人，那时候我们把它叫作原创力。谁的原创能力好，谁的薪资就比别人拿得高。就这样，组稿的人就成了原创的人下面的铺垫，行业一个浪潮打过来，严抓图书质量，结果就是原创的人留了下来，组稿的人因为没有市场全部裁掉了。紧接着，老板又将一些能把策划做得尽善尽美的人进行特殊培养。策划培养出来了，选题在出版社就有了保障，谁能让它最有保障，谁就是整个编辑部的头。于是我成功胜出了，我成了距离领导更近的人，受到他的喜爱和培养，一步步地成了一个出色的策划编辑。因为具备出色的策划力，又可以驾驭不同领域的稿子，等到行业又一个浪潮打过来，有些领域的稿件就不那么畅销了，而只会做那个领域稿子和策划的人就被淘汰了。很幸运的是，我因为成了多面手而得到了更大的晋升机会，成了部门的主任。当时一个大型公司，有很多个编辑室，而编辑室与编辑室之间也是要面对残酷竞争的，抢资源、抢人脉、抢发行，各种的内斗外斗不断。如果团队不能给企业带来利润，随时都有全军覆没的危险。就这样，我带着团队一直往前冲，最终胜出，成了管理所有工作室主任的总监。后来，我有了资源，有了好的薪资，开始尝试自主创业，而当我在自媒体上淘金的时候，知道了一个坏消息，我当年的很多图书业的同人正在经历大批裁员的不幸，原因就在于他们出版的图书在市场上不够畅销，能够给他们自己施展的空间也越来越小了。因此，就拿我的经历打比方吧，如今十年过去了，混出样子的人当然也都挺不错，可自己所要付出的心血、挑战，工作中所要经历的那些可知和不可知的困境，如果我不自己说出来，其他人永远不知道。所以每当有些人问我‘为什么站在这里的是你不是我’时，我一般都不会说话，心想：‘年轻人，我经历的事儿比你多多了，慢慢练吧！’”

说到这儿，一切的内容都在其中了，这个世界永远都不会压制一个人的能力，只要他没有到上限，就会不断地以各种方式促进他的成长。原因很简单，你的能力越是提升，别人所能获得的利润回报就会越大。这样的成长与你的发展没有冲突，也与别人的利润回报没有冲突。怕就怕你的一切都已达到上限，却做不到你上限以上别人能做到的事情。与其去抱怨那些自己尚未得到的，不如花点时间反省一下，然后带着那些总结后的问题，拿出更多的努力提升自己，说不定就在不久的明天，你也会成为他们中的一员，成为老板眼中的骄子。

## 如何成就“五星级”学习及应用能力

“明明是名牌大学毕业，但就这么荒废了！”一个朋友喃喃自语道，“整天玩物丧志，在家就只打游戏，问他为什么不去找工作，他头都不抬地跟你说自己已经被这个世界抛弃了。你说这到底怎么回事儿？”我听了以后摇摇头说：“不是世界抛弃了他，是他因为一张文凭而抛弃了世界。”

每一年都有很多人融入应试大军的洪流，几年甚至几十年后，你就会发现他们的人生发生了翻天覆地的变化。有人明明是名牌大学出身，却在找工作的问题上步履维艰，就算找到了工作，职位也丝毫没有晋升。于是很多人唏嘘一片，曾经那么努力地学习，不就是为了找到一份好工作，眼看好工作一个个地都被以前不那么优秀的人拿走，自己读了那么半天书有什么用？

说到这儿，我想起了一次坐公车时，两个毕业生坐在一起长叹。男孩儿沮丧地对女孩儿说：“我觉得我这次研究生考试算是‘挂’了，眼看都快三十岁了，我等不起了。”“那怎么办？”女孩儿问道。“找工作呗，还能怎么办？”男孩儿低着头说，“想不到自己这么努力还是那么点儿背。”“有什么点儿背的？”女孩儿亮着眼睛对男孩儿说，“他们念书的时候，你已经参加工作了，等到他们从学校出来什么都不知道的时候，你已经混进了领导行列。这就等于，他们念了半天书，刚一上班就被你这个没考上研究生的人领导着，你想想那种感觉得有多爽啊！”

听了这话以后，我的心都跟着被鼓动了，真心觉得这个小姑娘太有思想了，有这样的雄心抱负，在职场上一定不会吃亏。对于现在的就业行情，博士生毕业的被一个本科生毕业的人领导着的情况其实并不罕见，之所以对方能当领导，能够很好地驾驭底下高学历的从业者，主要原因就在于他们从来没有停下学习的脚步。我就曾经见过一个领导，起初只是高中学历，上班以后努力学了个自考本科，升职为领导以后又考了在职研究生，研究生毕业以后又进修了重点名校的博士学位，等到博士毕业，他已经是一家大公司的 CEO 了，如今他正在一位名师旗下进修博士后学位。不论是学历资本还是能力资本，哪个都没落到别人后面。

什么是五星级的学习应用能力？对于这个问题来说，它的重点在于两个字，一个是学，另一个是用。曾经有这样一个很资深的高层职场人士说：“其实就上学而言，求的一个是环境，另一个是学业里面的知识。相比于光阴的享受，我宁愿把它看成一种消费，用适量的钱赢得自己想学的东西。所谓的证书学历不过是一个形式，学到了才是赚到了，能运用于自己的工作，将自己的工作尽善尽美地做好，才是学习的核心目的。”

之所以现在有很多高学历者失业，主要原因就在于当他们拿到那个高学历时，他们的学习就宣告终止了，每天在公司庞大的“内卷”里急功近利地工作，却从来没有想过更深入地学习。于是能力就此受到限制，知识也在光阴的碎步中慢慢被遗忘，他们也从飞出象牙塔的金凤凰变成了一个普通得不能再普通的员工。而那些最初在学历起点上较低的人，却可以通过源源不断的学习得到更多，拥有更广大的世界。他们在工作中不断填充着能力，不断思考着职业的创新，同时也在学历晋升和能力晋升中加快着前行的脚步。于是就这样，随着他们能力水平的提升，他们的职位也在提升，随着职位的提升，他们所学习的范围也跟着提升。当初没钱的时候，省吃俭用也要在自己的学习和个人能力上投资，现在有钱了，更是不吝惜对学习的倾注，因为学到的越多，自己所能变现出的内容就越多。

曾经就有这样一个老职场人幽默地说：“其实人活到这个岁数，我觉得人生只有三件事是自己的、交到的朋友是自己的、学到的知识是自己的，赚到的钱花在自己身上的是自己的。除了这三样，我还真说不出还有什么是自己的。钱怎么花，就是摆在一个人面前最现实的问题；想交到更好的朋友，就得让自己登得上台面；想上台面，就得有知识的积累。因此不管什么时候，把钱花在学习上，永远都不会后悔。”

老实说，听了这些经验之谈，我的生命意识也变得更加丰盈起来，这个世界有太多自己想得到的，但这种得到必然是与另一种付出相等价的，永远都不能停止学习的脚步。因此，不管眼下的你正经历怎样的选择，都希望你不要在学习这件事上停下来，只要不停下来就有机会看到不同的世界，只要不停下来，机会就不会离你远去。人生是自己的，是永不言弃，还是自我沦落，由不得别人，是自己说了算。

第六章

# 线索透视，把所有的原因找出来

## 入职以后踩了“坑”怎么办

“本来说的好好的入职以后会如何如何，搞得我领到录用通知以后好一通激动。结果进去以后发现根本不是那么回事儿，原来这家公司有这么多“坑”，感觉自己被忽悠了。”一个职场中的年轻人，给我私信吐槽道。

其实这样的事情，在现实生活中实在太常见了，企业出于各种原因，在面对应试者的时候，多多少少都会说一些谎言。它们要么是着急找一个人赶紧进来干活儿，要么就是把你招进来，再不紧不慢地驱使你。但是现在的年轻人，很多都是不甘于接受这样的现实的。于是他们面对眼前的境况开始迷茫：究竟怎么办才能提前预知那些企业布好的“坑”，找到一家真正靠谱的公司呢？

曾经就有一个求职的年轻人跟我分享了他的一段不堪的求职经历：“张博士，你知道吗？刚刚面试的时候，我觉得这家公司好得不得了，给的薪资待遇、介绍的发展前景和职业的深入内容，都让我觉得自己实在太幸运了。当时对方对我的表现那是相当认可，当时心里浮现的就是，只要我跨进了这家公司的大门，以后必然会前途无量。

“结果进去以后我发现根本就不是那么回事儿，每天加班累得跟狗一样不说，入职前所描述的工作内容没有一条是兑现的。每天除了那些无意义的工作，真的没学到什么东西。拿到的薪资还不到当时谈的一半，这种情况我当然不干，马上跟对方拍了桌子：你把我的薪资结算了，老子现在就不干了。

“结果人家好像处理这个问题，就跟机器印花一样流程化，今天让你走这个程序，明天让你签那个保证，然后到了最后一关还被告知，因为你没有坚持到年末，所以那些年末才会颁发的绩效奖就全免了。当时我这叫一个来气，什么烂公司，当初是自己眼睛瞎了还是怎么着？总之，这次以后，我真的很难信任招聘者的话了，他描绘得再好，我心里也会犹豫三分。您说大千世界还有什么能让我百分百踏实相信的？”

我听了这些，深表同情，然后握着他的手对他说：“其实对这些问题，你并不是什么事情都做不了，很多判断的落地本应该在你入职之前，而不是入职之后，因为你入职之后所要花费的成本，很可能要远远大于你所得到的薪资。但是如果你能够在入职前英明果断的话，很可能很多问题都能得到很好的规避。”

“比如呢？”他面露焦急地问道。

“比如当你接到面试通知的时候，可以先到招聘信息网的交流网站看看别人的吐槽。看看那些已经就职在这家公司的员工对公司的评价是什么。如果与招聘者承诺给你的内容差异甚大，就意味着你要对这份工作慎重起来。另外，我们还可以通过一些社交网站和可靠数据更进一步地捕捉信息，看看从这家企业或部门出去的员工都去向了哪里。如果你发现，从这家企业出去的员工都去了大公司或世界五百强企业，即便是眼下对方的实力并不那么出色，你也可以斗胆一试，因为既然这么多人从这里离开之后都有了更好的未来，那么肯定这家企业有自己独到的地方。要么它有着更新的企业文化，要么它有着很好的团队建设，要么部门的领导很厉害，要么就是它在业内抢占了特殊的资源。总而言之，当你把这些搞清楚以后，就可以有的放矢，看看这家企业是不是值得一去。这样不论是对你以后的职业规划，还是对人生进一步的发展蓝图，都是有大幅度建设意义的。”

听完我的话，年轻人陷入了沉思，他告诉我，若是当初自己能早一点知道这个方法，也不至于在大好机会到来的时候与其失之交臂。他说："其实当时我收到了好几份录用通知，只因为那家公司的招聘者吹得太好才会选择它。其实后来我才知道，在诸多录用通知中有那么一两家是相当不错的，而且现在已经上市，想想看，如果当时我进去了，现在应该也不至于沦落成这个样子。”

就入职这件事来说，大家都会有进去以后瞬间蒙圈的感觉。有的是因为眼前的项目自己从来没做过，有的则是因为招聘者描绘的美好前景，自己根本没看到。在这样的情况下，与其无意义地在企业“内卷”浪费青春，还不如在入职一段时间以后离职跳槽。原因很简单，谁也不想在自己不适应的氛围中浪费光阴，当你的精力、体力，以至于创造力在这样无效努力的渲染下变得狼狈，人是很容易产生自我怀疑的。眼看着“坑”越来越多，自己没有兴趣不说，每天还要经历质疑和挑剔，这样的工作状态谁也受不了。

因此，如果你有一天不幸遭遇了这样的阵势，别犹豫，三十六计走为上策。谁也别想着能够恒久地在一家企业奉献青春，这里不行，并不代表你在能力上已成上限，倘若能换家试试，说不定想要的一切，就会一个又一个地朝你奔涌而来了。

## 错误就在于“这不是一家好的企业”

很多学员问我：“为什么我倾尽了所有的努力，我的领导还是不满意？为什么他要局限我的创造力，然后还天天劈头盖脸地说我能力不行？为什么天天要把那么多无用功的工作交给我？为什么我提出的建议从来不被采纳？为什么当初承诺的资源不给我？为什么要我做的工作永远都是我不熟悉的？”听了这些以后，我拍拍他的肩膀说：“来杯咖啡吧！兄弟，没有那么多为什么，如果你所说的一切真的存在错误的话，那么错误就在于你选的不是一家好公司。”

其实生活中很多人都在为诸如此类的事情自我安慰，觉得是自己不够好、能力不够强，觉得眼前的一切都是昏暗的。每当别人问：“你为什么不离开这家公司呢？”他还一头雾水地回答：“我在的就是别人眼中的好公司啊！”听到这样的答案我也只能摇头，心想：“兄弟，你是不知道好公司是什么样？”

好吧，现在就让我们一起来谈谈什么是好公司。对于一家好公司而言，当你与它产生联系的时候，它助力你成长的使命就被无形地建立起来了，企业中你所遇见的每一个人都会带着积极的信念帮助你更顺利地进入他们的大家庭。它们会在与你第一次见面的时候，就将自己精准的需求，以及你未来可能遇到的一切坦言相告，绝对不会有任何欺瞒。它们的职员会告诉你，这是一家秉持着怎样文化的公司，公司目前所需求的职位内容是什么样的，你在就职以后会面对什么样的工作，这些工作包含着怎样的困难，在这个岗位上的你需要有怎样的能力，当工作内容出现瓶颈的时候，部门的领导会向你提供怎样的助力。请问你未来的职业规划是什么样的呢？

在整个面试的过程中，招聘者对员工的态度并不是一个能力考核官，而是用各种方法帮助未来的员工进入自己企业的人。他们会提前将面试者所需要的企业信息准备好，鼓励他们放松，在面试中发挥出自己最好最轻松的状态。而当员工真正完成面试进入公司的时候，他们会发现自己所面对的工作，所面对的公司，从文化到项目都跟招聘者当初描述的一模一样，如是以来他们便能很快地找到自己的状态，工作起来也越发地上手。企业在扶持员工的自我推动下稳步前行，每个员工都会在这样的氛围中发挥出自己最好的水平。

作为拥有几家优质大公司人力资源从业者经验的我，面对身边想要入职的求职人员也是如此，一切都会开诚布公地在面试洽谈中说清楚。比如，我会了解对方对自我职业蓝图规划的构建，然后问他：“你觉得企业有什么可以帮到你？”如果这时他告诉我：“三年以后就要成为一个团队的领导。”那么我会很高兴地说：“好啊，那么你觉得我能给你提供什么助力？我应该分配给你怎样的资源？而你应该在项目运作中，完成怎样的行动计划？”如果一切谈好，那便是一拍即合。员工入职以后，就如我们共同谈好的一样开展工作。半年或一年期满，我们将会有一次深层的会晤，我会总结这一年来我为承诺做了些什么、配备了怎样的资源，而对方也会呈现出自己所要承诺的一切。如果是我做得不够好，我就要改进，如果是他没有达成目标，那也要拿出一个说法。这样的沟通始终都是在超效率的工作进程中延续的，谁也不会说一句废话，更不会做什么没有意义的事情。

所以结合自身，你看看自己进入的是不是一家好企业。如果此时你发现自己每天在遭到质疑，与此同时，企业也并没有兑现给你任何资源和承诺，而你在职业工作中也不能学到更多的东西，那么毫无疑问，即便你再努力，你所奋斗的地方也不是一家好公司。如果是这样，不如另寻高就，找一家真正适合自己的企业奉献青春。当然，大千世界，企业也各有各的文化，你可以通过各种渠道，全方位地去了解一家公司，了解它的文化，了解它面试的风格，了解它入职人员的状况，了解它对于员工能力的助力培养。如果这一切都能达成标的，再进入企业也不算晚。总而言之还是那句话，人生是由自己选择的，人海茫茫，并不是你的能力比别人差，而是你没有找到施展能力的空间，遇见的也算不上是一家真正的好公司。

## 让自我效能更高，选对环境很重要

在一次朋友聚会上我遇见了一个忧郁的人，他对我说自己刚刚离职，年近不惑却根本找不到一份像样的工作。我问他以前是做什么的，他说他以前在一家国企工作。我说："不可能啊，凭你的资历，学历也很不错，怎么会找不到一份好工作呢？现在很多有潜力的企业都在招聘新岗位，只要你能适应他们的工作节奏和文化节奏，想找到一个相对合适的岗位还是不难的啊！"

他摇摇头看着我说：现在的新型企业你有能力就用，没有能力就不会考虑。我现在年龄不占优势了，思想可能也不占优势，真要让我到一家活力满满的企业，我可能也适应不了。你说我这样的人不是废了是什么？"我听了以后沉默许久，心想：想要让自我效能提升到最佳水平，没有一个好环境也是很难做到的啊！

其实现在有很多年轻的职场人，起初在能力上不相上下，之所以后来有些走高、有些走低，除了个人选择问题以外，很可能就是没有遇到一个好环境。比如有些企业，很"内卷"，但是对员工的创造能力采取高压限制原则，结果员工全部都像由流动生产线产出的罐头，思维倒是统一了，创新意识也荡然无存了。

还有的企业自员工上班的第一天就直接坦诚相告：“兢兢业业做好你的事情，拿好你眼前的薪资，至于那些升职加薪，就不要有任何期待了。”想想看，倘若你是一个血气方刚的年轻人，拿到了这样的一个“终审判决书”，那是一种怎样的心情；紧接着，就会想反正也不过如此，就这样混吧；再紧接着，就会想领导是老板，他怎么说我就怎么做吧。于是在这样的环境同化下越来越不动脑子，也就成了温水下的青蛙，什么时候企业说改革，第一批考虑清理的一定就是你了。

更有甚者，在进入一家公司多年以后，就有了各种各样的职业病，要么对一些小问题吹毛求疵，但对大的问题不予关注，要么就是干脆把自己锁在了各种各样的瓶颈里，别人大声说句话，自己的心都要跟着颤一颤。问问题的时候不断重复，该创造的时候没有新意，他们的思想总是很自然地看向别人，以至于对方一个表情稍不对，就立刻自我沦陷。问及原因，他会告诉你都是在公司待的，旁边老板咳嗽一声，自己立刻就得有反应，如果这时候咖啡没到位，说不定下一秒钟就是一通的劈头盖脸痛骂……

但如果你进了一家好公司，情况可能就不至于那么悲惨。根据我的了解，一些五百强企业，一些经营百年的好公司，它们面对员工的态度就是对其进行开拓性的培养，它们会在员工入职以后给予他们很多磨炼的机会，为他们创造一个相当富有活力的环境，不断地为员工补充可利用的资源，将自己当成百分百的助力去无条件地支持员工、培养员工。你就会看到但凡是进入这样企业的人，都会有一种脱胎换骨的改变，他们会在环境中不断磨炼自己，他们会发现自己手头的经验在不断地提升，而自己的能力水准相比于小公司的工作者，早已是以一当十了。

因此，我真诚地鼓励那些有识之士，如果条件允许，不妨尝试着进入这样的公司干上几年，就会发现在这个天堂般的学校里，能学到很多东西、拥有很多助力，这里所遇到的一切都是为了帮助人成为更优秀、更好的自己。

其实针对环境这件事，美国斯坦福大学曾经做过一个实验。他们将斯坦福大学的优秀毕业生转变身份，投入监狱中，以狱警、罪犯的身份经营生活。结果几个月以后，这些学生平稳的心理状态就发生了变化，他们开始趋向暴力、绝望，性格开始产生扭曲，以至于最终实验到了不得不终止的地步。由此我们可以看出，环境对于一个人的影响有多重要，如果一个人不能在相对快乐的环境下享受工作，不但不会赢得完美的创造力，就连他们的人生可能都会因为这份工作而改写。

这里我想说的是，作为当今时代的职场人，社会给了我们多元化的选择，谁也没必要因为一份工作而虐待自己。而善待自己最好的方式，就是找到一个适合自己的环境，一个可以让自己能量满满、开心快乐的奋斗环境，在这里你会找到真正的自我，也更能在绝佳的表现下成就自己的价值。这才是一家好公司真正赋予自己的美好，它是金钱难以比拟的，是一种更倾向于灵魂的需求和意义。

## 允许试错，减少管控，提高薪资

我曾经问过很多职场的年轻人：“你觉得什么样的企业状态是最好的？”他们的回答很统一：“当然是少犯错、少被管，然后薪资很可观喽！”其实说出这句话的时候，他们的脸上都是一副很是质疑的样子，好像在说：“天下能有这样便宜的事儿？”而事实上，这三点在一个好企业的运营中是并不冲突的，人生本来就是在无数的错误中谋求自我验证，而管控这件事往往是恰到好处才能达到最好的状态，至于提高薪资永远是与员工的工作动力挂钩的，三者联系起来，也不失为一套完整的企业经营战略。

首先让我们看看关于犯错这件事。很多人在犯了错误的时候，首先是感觉自己一身的紧张，只要发现问题，第一反应就是掩盖，希望将这一切能够在没人知道的时候，把它给销声匿迹。而事实上，这样的反应对于企业来说是一笔很大的损失。曾经就有一个职员在工作中出现了失误，当时他觉得：哎呀，如果要是让上司知道就“死”定了。于是他选择悄无声息地弥补，在上司检查的时候，也确实没看出什么纰漏。但是过了不久，他发现了一件事，那就是跟他在一起工作的同事，正在陆陆续续地犯下和自己同样的错误，而且似乎有的人根本就不知道怎么处理这件事情。这时候企业终于重视了起来，开始在员工培训的过程中对这件事加大培训力度，这样才最终在企业内部解决了这个问题。

其实对于一个企业来说，试错是一项很艰巨的任务，因为没有错误的发生，你就不知道自己的体系中还有这样的问题。而对于一个出现错误的员工，好的企业首先从意识上并不会采取责备的方式，因为越是出现错误，越是可以帮助员工不断成长。这时企业要做的是对对方保持友好、理解、关心，与他一起同仇敌忾地分析问题、解决问题，这样才会促进全体员工在工作上的改进，在吃一堑长一智中提升自己。因此，你会看到很多好的公司，会在员工第一次犯错的时候采取相应的和解机制，甚至会组织大家一起为之鼓励欢呼，缓解他们的紧张，而在之后的日子里，这样的问题就会在企业内部变得越来越少。

其次就是减少管控。当我们谈到这点的时候，就会发现一个规律，公司在体积还并不庞大的时候是有很多创新性的灵感的，但当它们的规模庞大以后，就会不断地在规章制度中压制员工的创新力。因为有了条条框框，一切都要按照规程进行，以至于很多员工有了好的点子也不愿意向上申报，原因很简单，就是因为太麻烦了。毫无疑问，这对于企业来说是一笔巨大的损失，所有人都会因为管控得太严而产生惰性，活力减少了，利润和收益也就跟着降低了。因此如何能够在优化规章制度的同时，减少管控，不断地给予员工创新的活力，就成了摆在企业面前的核心问题。这时候好公司会秉持开放的态度，它们会建立自己的放权机制，给予员工一定的自主空间。因为对一些事情有了相应的权能，员工在处理问题的时候便可以有的放矢，在岗位上发挥出属于自己的创意。这毫无疑问地提升了整个企业员工对处理工作事务的积极性，让他们觉得自己就是工作流程中的主人，只要不违反企业基本的规章，创新这件事始终是由自己说了算的。

此外就讲到薪资这件事了，我曾经跟一个企业高管针对这件事进行过一次探讨，当时他给我讲了这么一个故事："有一家美国星级酒店连锁企业，在全美国有五百家酒店。与其他的酒店不同，他们对员工的薪资待遇不是压低底薪、提升绩效，鼓励他们赢得消费者，而是直接赋予员工同行业中最高的底薪。很多人觉得这样的运作行为简直不可思议，但结果却是，在他们家的几百家连锁企业中，盗窃案少了，物品折损率下降了，客户对于酒店的各项服务更加认可了，而这些内容在资本中折算下来，竟然为酒店省下了好大一笔钱，相比于付给员工的薪资，这些钱似乎对酒店建设更富价值和意义。"

于是我就问："为什么提升薪资反而会更大规模地创造企业盈利？"这时候对方给我的答案是："因为员工会觉得企业这样做是拿自己当人，把自己看成了企业整体事业中的一个核心部分，而不是简单意义上的被聘用者。"这位朋友笑着对我说："你能想到吗？一家企业遭遇强盗偷窃的时候，一个看门的老员工为了保护企业的财产，与三个歹徒进行了殊死搏斗，最后警察来了，他险些付出了生命的代价。问及原因，他说了这么几句话：'企业给了我很高的薪资，我是企业的一员，这是我的义务和职责所在。'"你能想到吗？当企业以最美好的薪资态度对待员工的时候，员工内心对于工作的价值取向就会被悄然改变。

因此，当我们下意识地衡量一家公司是不是好公司的时候，不妨就先从企业文化上看，看这家企业是不是有和别的公司不一样的地方。它对待员工的错误是什么样的态度，它对于员工的权能是怎样的看法，而对于薪资，它是慷慨还是吝啬。其实在我看来，当年轻人完成学业走出象牙塔，企业就是他们了解人生的另一所高等学府，它的使命不仅仅有盈利，还有义务陪伴每一个员工健康成长。这样员工才能从中找到归属感，才能够更安稳、更安全地在职业生涯努力探索，这对于一个企业很重要，对每一个员工也同样意义深远。

## 避免管得太宽和管得太少

现在很多企业的领导都陷入了两个极端，一个是管得太宽，另一个则是管得太少。我曾经见过这样一个老板，个人能力很强，却怎么也做不大。很多人对他的情况感到好奇，他也不知道问题出在哪里。后来我们聊了一次天，我终于知道，原来他在管理的问题上有着短板。

这个老板对我说：“从小我就没有安全感，每次遇到问题的时候都不会考虑谁会成为我的助力，只要有事情，肯定是自己直接冲在前面。所以不论生活还是职场，每一件事情我都要事必躬亲，直到看着一切做成想象中的样子，心里便会觉得这一天没有白过。”于是我点点头说：“好的，我知道您的问题出在哪儿了。您的问题就是事无巨细，什么都管。而对于一个什么都管的人，常常会受到精力和能力的局限。这样的战略是很不现实的，一旦对方是一个领导团队的高手，两三下您就会败下阵来，因为他有好几双手，但您只有自己。”

而另一个极端，就是管得太少。比如也有这样一家公司的老板，总是抱怨企业员工能力不行。他也看了好多管理的书，里面就谈到了放权这件事。他说：“你看人家很多大公司的老总，每天打打高尔夫，根本就不太管公司。因为他给了旗下员工很多的权力，所以即便自己不在公司，公司也能有条不紊。我也是这么做的，可是手里面的良将实在太少了。”后来问员工，他们也是一肚子苦水：“权力是下放了，但你也得告诉我们该怎么干啊？既没有指导，也没有方案，我们甚至连一个团队都谈不上，接到任务的时候总是一头雾水，根本不知道应该从哪里下手。这样的工作状态他说他不轻松，我们还说我们不容易呢。”

我听了以后，心里想：其实管得太少也不是一件好事，作为企业领头羊，你的使命不仅仅有放权而已，除此之外你还要指导员工上手工作，纠正他们在工作中的问题，领着他们一起经营项目。而那种放开手的架势，永远都是在你把员工培育得差不多的时候，当他们能够自主地对眼前的业务熟悉地处理，一切内容都走上了流程，在自己把握范围之内知道不会出什么太大问题了，这时候不管做什么你都会觉得安稳。

对于一个领导者而言，管理其实是要讲战略的。首先我们必须要让团队的每一个人知道自己的目标，也知道自己能够为达成这个目标做什么、怎么样实现这个目标、如何对目标进行规划，在完善每一个步骤以后，才能将一切成功落地。

而对于员工来说，他们希望从自己的工作中获得的内容也不过是那几点：第一，面对挑战之后的能力提升；第二，获得认可之后的成功嘉奖；第三，在彼此配合中逐渐成就的责任感和使命感。而这些实际上都是身为一个优秀领导者必须努力给予和兑现的事情。

在这个过程中员工和领导都会面对很多的选择、挑战，甚至诱惑。但只要秉持统一的战略，把握好管理的节奏，大家面对工作的时候就会日趋地平稳起来。比如当初的乔布斯，在苹果一盘散沙的时候，重新进入企业。面对当时凌乱的放权机制，他处理了一大批研发各种奇怪创新产品的积极分子，要求大家集中精力研发一种最具苹果特质的产品。在这件产品研发的过程中，他调整好团队的步骤，陪着团队中的所有人一起成长，只要有谁在思想上踏出了研发的边界，他甚至不惜用很狂暴的方式，把对方骂回来。就这样，他既没有管得太宽，也没有管得太少。苹果精神就这样一点点地回归了，他们的产品改变了整个时代，而乔布斯作为企业的领导者，也成了人们眼中最富有创意思想的传奇人物。现在这个伟大的人物已经离开很久了，但是他的企业在人们心中依旧是不可替代的，苹果产品不断地更新换代，成了年轻人手中不可放下的宠儿。

因此对于一个企业领导来说，自己心里首先要搞清楚三个问题：第一，你想要什么，整个团队的核心目标是什么；第二，这件事究竟有多值得去做，大家在面对诸多创意和选择的时候应该如何加以取舍，最终让眼前所有的步骤都变得愈加的清晰；第三，拿出多少时间陪伴团队中的每一个人，在目标项目中一同成长。

这就好比大人带着小孩儿蹒跚学步，也许作为领导者的你，对项目中的每一个部分都稳操胜券，自己运作的话也可以做到尽善尽美，但面对团队的时候，你就要变成一个久经沙场的教练员，你要做的是不断地训练手下的球员，让他们轻车熟路地掌握赛场上的感觉，让他们能够更好地提升技能、优化能力，完善好应对各种情况的步骤，而不是一出现问题就自己冲出去，代替球员出征去打比赛。毫无疑问，这是需要时间培养的，所谓“台上一分钟，台下十年功”，当你把手下的每一个人都打造成得力干将的时候，即便自己不说什么，只是一个下意识的眼神儿，大家都知道这事情该怎么办。

因此，带团队是要有一定文化精神的，有些事情可以做，有些事情说什么也不能做。对于领导也好，对于员工也好，在面对任何工作的时候都是有边界的。我们要有自己的价值取向，知道什么是错的，什么是可以留下来的。我们要有相应的资源认定，作为领导我需要给予你什么，而对于员工你又应该回馈给我什么。对于整体的应用流程也要有自己的体系，将这种体系锻炼成习惯，事情该如何处理，就会在自然的习惯中被运用出来。而当一切都变得熟练，变得游刃有余的时候，作为领导的你，在与不在公司就都能安心了。

成功的领导从哪里来，了解了以上的这些内容，十有八九，你就知道该如何去做了。

# 设计篇

## ——做自己的总工程师，消除“思维的惯性”

# 第七章 完善职业路径，适合的才是最好的

## 选公司如选股票，匹配选择很重要

有一次一个年轻人请我吃饭，刚抬起筷子没吃两口，他便开始发问："张博士，你说这选企业究竟有什么窍门？为什么好不容易进去了，发展潜力还是让人堪忧？我经常觉得，很多公司门面很大，但真论到与自己的匹配度，那就是另外一回事儿了。于是，在里面干得越来越没有动力，总有一种怅然若失的感觉。我现在就这样，不知道自己在追求什么，也不知道自己来到这里的目的是什么，每天都在漫无目的地工作，一边处理邮件，一边觉得无比颓废。你说跳槽吧，也不知道能不能到一个更好的位置，但是不跳槽，这里也真的未必就适合我。人生好像总是在这样的一个梁子上博弈来博弈去的，这种感觉就像运作股票，赔钱是小事，耗费的是自己的生命。"

我听了以后，只好放下手里的碗，向他竖了一个大拇指说："你的形容很确切，有些时候选公司就是跟选股票一样，匹配是很关键的事情。如果你想要的就是赚钱，那么不妨在进入公司的时候好好权衡一下它的实力。它是什么级别的公司？它能给你带来什么？它运营的是什么生意？它有没有上市的可能？它的股权分配机制怎样？自己有没有可能以老员工的身份，享受更高级别的期权待遇？如果这些都没什么问题，那么就要再结合自己的能力和实力向内外挖掘。你要问自己，你心中最直接的目标是什么，是赚钱第一还是锻炼能力第一？如果是赚钱的话，从资本到能力契合方面是否存在问题？如果自己真的进入企业了，你希望在多久完成职业发展规划，并看到预计可观的收益？你希望在这里工作多长时间，从中拿到怎样的资源？你希望自己部门的领导是什么样的？而自己又应该以什么样的状态面对这份工作？”

“看来要思考的东西还很多啊！”年轻人惊讶地说道。“那当然，举个例子来说吧，你现在最想做的事情就是赚钱，那么你的能力就要与企业需要契合。如果这家企业有可能在一两年内上市，这就意味着你有足够的时间和资本跟他们谈期权。但你要付出的也很多，你需要在这里扛过所有的工作压力，即便是面对一些要命的工作也不能退缩，你可能会日日夜夜地加班，甚至连节假日休息的时间都没有。但这其实都算不上难以接受的问题，因为你的核心目的就是在两年内拿到一笔可观的期权。相比于一般的上班族而言，瞬间拿到几百万元或上千万元绝对是个天文数字，而这些数字现在就摆在你面前，又有什么理由不去迎难而上呢？”

“嗯，有道理。但是选择上确实很考量一个人的智慧。”年轻人抿了口饮料说。“确实，作为一个职场人来说，选择高于一切，之所以别人比你少奋斗好几年那也是有一定道理的。所以啊，现在就打开电脑，选好自己的股票吧。”我笑笑说，“你想象得到吗，一个人兢兢业业地在一家企业干了一辈子可生活并不如意，另一个人却一连选了好几家资质很好的潜力股公司，十年之内便兑现了财富自由的梦想。其实选择好公司并不难，关键要看它与你的需求是不是相匹配。企业就像一个大学校，有的可以锻炼你的能力，有的可以给你稳定，有的可以让你赚钱，有的可能就是招你、用你，然后不需要你时开除你。可人生就这么多点时间，要把它投身在什么地方，怎样才能投身在最正确的地方，就成了成就你此生事业最核心的关键。所谓“用得好，不如用得巧”，生命是自己的，很多人都说自己没有选择了，其实选择始终就把握在你自己手里。当你不再是“白菜”，任由别人挑来挑去的时候，你便可以以自己的资本去选择一家更适合自己的企业了。”

听了我的话以后，年轻人频频点头说：“听君一席话，胜读十年书，这顿饭算是没白吃啊！”

其实在工作中很多人都会犯一个相同的毛病，就是盲目地进入一家公司，然后拿出所有的斗志与这家公司硬磕到底。来的时候不知道自己想要什么，奋斗的时候也没有精准的目标，结果苦苦努力半天，等到青春不在，人家一个随意的理由就给你驱逐出公司了。可你心里却始终深陷在不安里，觉得是自己做得不好，一切都是自己的问题。但你唯一做错的，就是在选择公司的时候，选了一只不靠谱的“内耗股”。首先企业发展潜力不高，招人的时候也很草率，也根本没有上市的潜力，连公司自己都是只看眼前利益，它没倒闭已经是万幸了，还指望它能给你带来什么？

对企业来说，每一个员工都是一只股票，而企业对于我们来说，也同样是一只股票，一个人寻找一份工作，本身就不应该是盲目的，我们需要看清现在，也要把握未来，在自己规定的时间范围内，让它更为精准地兑现自己的一切。努力很重要，精准地利用好自己的资本和时间更重要。匹配永远装不下迟疑，本身人生光阴就紧迫，舵手脑袋里不应只顾着一个方向。青春就那么几十年，难不成还真要在一棵歪脖树上吊死吗？

## 你就是自己最好的职业规划师

现在市面上有个很吃香的行业，叫“职业规划师”，工作内容是通过一系列的内容测试，帮助别人选择出自己最适合的行业和职业。老实说，看着那一道道被视为专业流程的选择题，我不禁想问一句：“真的有这个必要吗？世界上最好的职业规划师本该就是自己啊！”

我曾经遇到过很多类似的年轻人，大学刚毕业，也不知道自己适合什么，学的专业也是很“平稳”的，好像去哪儿都有那么点可能，但谈到未来的前途，就是另外一回事了。他们告诉我，其实上学时就觉得自己是个平庸的学生。从初中到大学，一直如此。你说能力有多高吧，没有，你说能力有多差吧，也没有。然后自己自由落体一般地毕业了，看着企业招聘的信息，感觉自己找一个工作不难，找一个自己能看得上的工作，就有点问题了。这还并不是最糟心的，最让他们痛心疾首的是，根本就不知道自己适合什么。

就拿我工作经历中的一个女孩儿来说吧。我当时问她：“你为什么要来我们公司呢？”“因为我父亲说现在您这里的职位很紧俏，未来说不定会有更好的发展空间。”“那你能说说我们公司能给你带来什么吗？”“应该如我父亲说的，有稳定的薪资，有稳定的能力提升空间，我也不求出类拔萃，就是希望能够让自己找到一份更稳定、看起来相对光鲜的工作。我认为你们的这个职位就完全能够匹配这样的需求，所以我就来了。”你知道吗，我当时听到这些话，鼻尖都开始冒汗了。一个已经二十多岁的女孩子，面对职业规划选择，张口一个老爸，闭口一个老爸，感觉她生命中的一切都只有一个老爸。这样的员工进来，究竟是把工作交给她，还是交给她老爸呢？

很多年轻人一谈到职场规划，就会顺理成章地看向自己的家长。可你想过吗，他们的时代是什么时代，你的时代又是什么时代？他们的时代有工作就是好的，如今的时代，谁也不能保证在一家企业干一辈子，如果这时候你的参考坐标是你的长辈，那么我只想对你说：“把你带沟里去别后悔哦！”

我就认识这么一个女孩儿，很有文采，在文学领域很有天赋，当时高考报志愿的时候，就很想学相关文学专业。可是父母包办，硬是要求她去学习法律，理由是：“法律多好啊，有护城河保着，过了司法考试，就是律师，出来进去多有面子。文学能干什么？除了陶冶情操，又不能当饭吃。”

结果就这样，她在大学里度过了痛苦的六年，四年在死记硬背中获得了学士，紧接着又是两年痛苦的硕士。随后她终于带着严重的别扭劲儿当了律师，却发现自己越工作越上火。一个偶然的机会，独具慧眼的领导把她安排在了律所公众号写作的职位上，想不到这一试便一发不可收，写出的文字经常都有 10 万以上的阅读量，一个本不知名的公众号，经过她的运作很快就给律所带来了空前的影响力。这时她意识到，原来自己的天赋才华从来都不在法律上，想要真正摆脱痛苦，就必须重新进行一番规划。

于是她不顾父母的反对，果断辞去了工作，开设了自己的公众号，做起了自媒体。很短的时间内，她的公众号就坐拥粉丝百万，大家都说，这个小编太有才了，不经意的小事儿，竟然能写得这么深刻，这么有意思。就这样，她在文学领域的发展越来越好。不但写公众号，还写诗、写书，参与短视频和戏剧文学创作。尽管每天她都是一个人对着电脑，一个人在工作，但她已经是一个年薪百万的资深作家了。

其实职业规划这件事并不难。世界很包容，只要你找到一条路，就可以按照自己的思路去获取收入。你可以去上班，也可以在家工作，你可以自主创业，也可以成为一家上市公司的领导，工作与工作之间从来都没有可比性。但其中一个关键要素是：至少你干得要不痛苦。

社会给予一个人的职业压力，根本就是不存在的。一切的选择权都在自己，选不对也没什么好抱怨的。你可以把测评的权利留给自己，问自己几个为什么，要比做那些糟心的选择题来得更现实。可以问问自己，眼下这份工作，与自己哪些需求相匹配，而这份工作的要求又是什么。哪些是天赋所在，哪些需后天努力，至于那些就是不行的，干脆就坦然接受吧！你可以写出你能接受的，也可以写出你根本就受不了的，然后对应自己的现状把好工作一个个挑出来，说不定那就是此生的职业优选了。总而言之，有选择的人生，有选择的努力，有选择的创造，有选择的付出，一个个地把对钩填上去，你还担心后面没有收获吗？

## 构建自己在人才市场的竞争力

说到人才这件事，它应该是个概念。很多人都说能称得上人才的人，应该都是职场中的紧俏商品，他们在职场中如鱼得水，有钱、有资本、有选择、有发展。而对企业来说，人才就是金字塔里的顶梁柱，柱子越多，体系就越稳健。往往一句话就知道，他们就是比“二把刀”用着顺手，谁是人才，谁不是，随便抛个砖出去，几个来回就验证出来了。

这话说得没错，但别忽视了一点，人才在职场中，是由需求的市场支配的。在没有成就浪高的时候，你是自己的推送人，在成就到一定气候的时候，猎头自然会好言好语来找你，原因很简单，你就是钱啊！等到你真闻名遐迩、远近皆知，不需要谁出手，所有资本雄厚的主儿都会给你递橄榄枝，巴不得有一天你炒了上家的鱿鱼。这就是竞争，这就是上游市场的资本定律，越是有本事的，市场上的运作成本就越高，什么叫一分钱一分货，有资本的人永远玩的是综合实力。

很多人初涉职场的时候都觉得工作不好找，投出去的简历，几个月过去了，连一个响都听不见。好不容易面试进去了吧，又陷入不公平，看着别人薪资高就生气。可没想到，一波未平，一波又起，你最看不上的人，竟然先你一步晋升了！再后来，人家跳槽当总裁，总裁又创业，过上你想都没想过的生活。可你呢？工作不积极，加薪更别提，日子过得惨兮兮，估计明天就出局……别问我为什么，先看看自己都干了什么吧！

“这难道是跟财运有关系？”一个刚上班不久的职场人问道。我听了摇摇头说：“朋友，你是没有看到每个人在职场上的价值，也不知道就能力而言，自己被划分到了哪条数据上。倘若面对平均值，你能清醒地评估自己，看到人家升职加薪，也就没那么多废话了。”

什么是职业人才的市场平均值呢？这个问题很简单，你的资历、级别、职场阅历，在对方心里始终都是有段位的。同样是做市场，经历过大项目，对一切流程有独立操作能力的，算一个段位；有雄厚人脉资本，在预计时间能精准付出相应价值的又是一个段位；而你，初涉职场，同样看着电脑，却也只能是跑个腿、打个杂的段位。

当然段位也有相应的层次要求，比如完美的幻灯片策划能力，优秀的写作能力和灵活的应变能力。具备这些能力的，在一个段位，不具备这些能力的，又在相应层次的段位，这就是为什么同样一份工作，人家拿的是几倍的薪资，你却只能拿人家个零头的原因。能力资本，就是价值资本，企业在付出资本的同时都会经过精心的核算，对于一个没有后台、没有能力、资历平平的人来说，想拿高工资，无异于痴人说梦！

当然，找工作也是一样的道理。常有人说：“工作做得好，谁都不愿意动，除非企业让我不爽，那就跳槽，职场硬道理我还是懂的。”可聪明人并不这么想。他们很清楚自己的价值，总是在自己价值最高的时候飞跃式地发展自己。他们会在状态最好的时候，选择一家段位更高的公司，原因也很简单，自己的价值越高，所能谈及的资本就越高。

曾经就有一个朋友跟我分享了这样一则见闻：“我记得当时我入职一家企业的时候，有一个非常要好的朋友，当时我们的薪资都不高，也就几千块钱，当然我们的能力也差不多。后来，我拼了命地好好工作，很快晋升到了主管，然后是经理。但是她，还是老样子。虽然上下级的关系变了，但是我们的友谊还是很稳定。再后来，我由一家小公司跳到了一家大型企业，成为那里的部门经理，薪资也从几千元到了过万元。而我的这位朋友，在不久后说要跳槽，她找来找去，还是找了一家和曾经公司规模差不多的企业，薪资也只长了 1000 元。

“再后来，我创建了自己的工作室，开始带着团队打江山，除了时间相对自由了以外，薪资自然比以前又翻了几番。可她呢？又跳槽了，去了一家大型公司，但薪资还与之前没有任何差别。又过了几个月，她打来电话，哭着跟我说，那里她不适应干不下去了，还要跳槽。结果我还没来得及多安慰她，她就找了另一份工作，而且让我瞠目的是，不但离家远，每日来回行程就要四个小时，而且工资反倒是比之前更低了。

“于是我郁闷地说：‘别人跳槽运营职业价值都是越跳越高，亲爱的，你怎么越跳越低了呢？”这话说出来，她还不爱听，一味地埋怨我说看不起她，没多久，就跟我断绝了来往，我便再也听不到她的音信了。”

听到这儿，想必你也是一阵唏嘘吧，可这样的事，每天都在现实生活中上演着。这个世界上并不是所有人都是职业价值运营的高手，倘若在这件事上不引起重视，那么跳槽不但不会有好运，反倒会把一切搞得越来越糟。如果有一天你突然觉得，不管自己怎么选都选不对，想想吧，那将是一段多么悲催的日子。

所以，现在好好看看自己的价值在什么水平吧！如果高于平均水平，不投简历又有什么关系？若是就在平均线上，去一家就进一家也行。但如果你的价值就是赤裸裸的平均线以下，跳槽就要慎重了。倘若眼下的状态就是越跳越低，那么不如干脆找家靠谱的企业边做边学来好好提升自己。诗中有云：“一旦羽翼成，引上庭树枝。”你就是自己的引领者，什么时候该出手，看准了，自己说了算。

## 找到那份自己真正想要的工作

一位很成功的职场人给我分享了一段她当年的求职经历：“你知道吗？年轻时我也不知道自己适合什么，因为少年时喜欢一位老师，所以就傻乎乎地去应聘老师了，结果培训没几天就被刷了下来。问及原因，答案是：‘你的语速太慢了。’当时我的心啊，冰凉冰凉的，我觉得自己实在太失败了，这么一份工作都做不了。就这样我一连沮丧了三个星期，突然有一个电话要求我面试，对方很客气地说：‘我们这里正在面试市场部员工，请问您有意愿吗？’当时我心想，管他呢，就拿着份简历去了。结果没想到很快就被录用了，而且进去后还在里面干得顺风顺水。于是我很快积累了资源，也为自己赢得了大批量的客户，领导一路提拔我从部门小主管到部门总监，现在我已经是市场部副总裁了。我真心感谢当时求职老师的时候，被对方刷下来，否则如今我也就是个月薪几千元的幼教老师，世界上也就少了一位优秀的市场部副总裁。这样的跨度、格局，今天我是看清楚了，以前根本没有这个概念。”

在这个世界上，人和人的能力其实并没有多大的区别，但区别就在于有人选择了自己适合的职业，有人却为了一份根本不适合的职业奋斗终生。世界上的成功者，其实都是相对而论的。他们之所以称得上成功，可能就是在天赋秉性上于某一领域做得比别人更出色一些。但老实说，也真的就仅此而已了。想要有更大的突破，就需要在自己喜欢的事业上不断地探索发现，在兴趣使然的心流中求得更进一步的发展。

事业始终是要与我们生命中的很多内容相匹配的。之所以有人在职业生涯中成功，跟他找到了自己适合的领域有很大关系。但如何一眼就看出这个职业就是属于自己的正确选择呢？答案也很简单，就是先问问自己，你想从这个职业中获得什么，然后对号入座地把角色要素往里填就可以了。你工作的时候是享受其中还是备受折磨，不需要别人说，自己不明白吗？

世界上没有两片相同的树叶，每个人对待工作的概念都是不同的。有人觉得工作就是收入，有了钱，宁愿花更多的时间享受生活。而有人把工作当作事业，其乐无穷。有人觉得，工作就是享受；有人觉得，工作就是游戏，赚钱就是通关；还有人觉得，身兼数职才是人生，多一份工作多一种尝试，活出别人几辈子的经历，生命来一遭才算真的值。诸如此类，不同需求，各有各的风采，各有各的道理，只要一切与需求匹配，内心就不会有痛苦和冲突。但如果从一开始你就不知道自己想要什么，那除了纠结、拧巴，工作所赋予你的价值，就真的没有什么了。

秉持不同的目的，选择不同的职业，进入不同的公司，这对于当代的就业思路来说也并没有什么不对。一个企业好不好，一个职业好不好，对应的不是职业本身的价值，而是我们为自己选择的生活。

说到这儿我自己就是一个例子，当时刚迈入职场，首要目的其实就是赚钱。我对自己说，至少十年以内我要赚很多很多的钱，为了赚钱，反正也正年轻，加班、劳累、血拼都是可以的。于是我就为自己选择了一家互联网公司。入职后我加班加点，每天吃住基本都在公司，除了工作脑子里都装不下其他，认为待公司上市期权兑现的那一天，一切的辛劳和付出都是值得的。

于是，不到三年的时间，公司真的上市了，我如理想中的那样兑现了期权，拿到了生命中的第一桶金。而此时我的职业能力也处于相当不错的优端状态，另一家企业又向我抛来了橄榄枝。那是一家教育培训企业，也可能马上上市，于是我同意了，又跟他们谈了期权，优化了自己进一步的职业生涯。苦干了三年后，我兑现了自己的第二笔期权。紧接着又是十年，虽然我极其辛苦，但也幸运地拿到了与我的目标相匹配的收入。综观我的职业生涯，虽然辛苦，但我也获得了同等的回报。在很多打工者眼里，这或许就是幸运的。但只有我自己明白，我之所以这么顺利，是因为我在意识和行动上不存在任何冲突，我的能量单一又集中，所以一切都是我想要的结果。

眼下，我是樊登读书的人力资源部副总裁，因为之前有着很丰富的实战经验，所以现在在这家公司就感觉很适应。我不但拥有了更广阔的发展舞台，也积累了丰富的职业阅历，手中所有的活儿，再富有挑战性也不会阻碍我操作的灵感。很显然，之前十多年的忙碌经验没有白费，我已经可以在提升能力的同时进一步完善自己的职业规划，理想受益与自我成就同步，我全然享受其中。在自己喜欢的工作上耕耘，毫无疑问，我看到了一个更优秀的自己，而且也已经在不断自我优选的旅途中越走越好。

什么是你向往的好工作？那就得先问问什么是你最想要的好生活？人生旅途中不过三件事，清醒的认知、勇敢的选择和坦然的担当。持续不断的奋斗，永不后退的承担，工作就不再是一件累人的事情，它是你生命旅程的一部分，能够给予你成长，在你不断的自主抉择中，为自己提供助力。问问自己未来十年想过什么样的生活，再看看十年以后自己可能会过上的生活，答案已在你心里。

## 用数据锁定你的“明星业务”

抖音号建立起来以后，很多朋友都对我上面说的“明星业务”产生了兴趣。他们给我私信留言说：“哇，张博士，你说的隐形冠军企业真的太厉害了！可我到哪里才能锁定他们的明星业务呢？”“好工作貌似也不是那么难找，可痛苦的是，我找不到它们。我也想进入明星企业工作，拜托张博士告诉我方法好吗？”每当看到这些留言，我总是会心一笑，确实，隐形冠军企业在职场中总是那么低调，你用喇叭去寻找，很可能吼上一天，人家连个响儿都听不见。好在你们遇见了我，针对这件事，自然可以为大家指点迷津。

首先我们要先用好一个非常重要的工具，那就是“波士顿矩阵”。我前面说过，选择好企业，如同选一只好股票，你得看清它的长足发展，看看它的市场经营比重到底有多大，你不仅要看它现在的营业业绩，还要从长远的发展轨迹看它的业务是否始终都在平稳地提升。所以，为了能更细致地考量这些内容，我们就需要通过数据坐标轴进行精准的判断和分析。

比如，一家企业在市场上的占有率到底是什么样，如果这个市场始终都在最高值，整个市场大盘增长得很快，那么这就说明这家企业的业绩每年都是保持增长态势的。倘若这时候这家公司在整个行业中的市场占有率始终在不停地扩大，那么恭喜你，你已经找到了一家具备明星业务的企业。当然也有一种公司，你会在大盘上发现它的增长率始终都没有变化，甚至增长得极其缓慢，有些还出现了增长停滞的现象，但从市场占有率来看，这家企业的产品在市场上占的比重始终是非常高的，也就是说，在整个销售市场中，这家企业出售的产品已经接近垄断的地步。这样的明星企业自然是非常不错的，那么身处其中的个人的受益，自然就不必说了。

前面说过，这些冠军企业通常都很低调，有着无尽的发展潜力，企业中每一个员工的待遇也都很好。原因很简单，人员相对稳定，丰厚的利润除了维持企业正常的运转和资金储备外，剩下的自然就是提高员工待遇了。比如，有一家企业什么都不做，就做医疗设备的轮子，结果全国范围内所有的医疗单位使用的轮子都是他们公司提供的。再或者，有一家企业每年只生产一种产品，就是我们用的普通的吸管，但是在全球市场范围内，百分之三十的吸管都是他们家提供的。诸如此类的企业，外在看着其貌不扬，但个个都是镶了钻的有钱。好像也没有什么竞争力，一副懒懒散散的样子，但竞争的企业不多，蛋糕的分配比重大，只要是领域不发生更迭，所有的蛋糕份额都是人家的，因此个个都是隐形富豪。试问，进了这样的企业，做这样独家似的业务，谁会不发财呢？

现在很多职场人都希望自己进大公司工作，结果进了大公司却发现自己上升的空间很有限，一切根本不是自己想的那样。还有的反映说，虽然企业给了自己一系列的发展空间和锻炼能力的机会，但是这种体能消耗的感觉实在太“卷”了。更有人，曾经摇着我的身体问：“张博士，告诉我，为什么同样的工作，不一样的地方，人家干的没我好却还拿着我三倍的工资？”其实道理很简单，说得残酷点那叫“你愿意”。再残酷点就是“你自己不会选。”

我曾经说过，论能力每个人都不相上下，但是如果你没有把自己的位置摆对，那么能力再好也无用。首先，找对一个与自己能力相匹配的企业，能够在服务这家企业的同时，也让这家企业助力你。其次，如果你觉得“卷”点没关系，那你就趁着年轻，尝试一下最“卷”但给钱最多的互联网公司。如果你想过有钱又有闲的日子，那就试着寻找与自己需求相契合的隐形冠军企业。当然如果你就想拼活力，找一家有朝气的创业公司也可以。如果你就想拿一份稳定的薪资，那找一个稳健的大公司兑现收入就好。一切都是你自己的选择，而你只需做到不后悔就可以了。

这个世界就是这么现实，总有人看着你看不到的世界、过着你想过的生活、拥有你一辈子赚不到的财富，还跟你能力不相上下，甚至还不如你。职业生涯是我们人生中的一段长远规划，因此，这样的结果告诉我们，在择业时我们要擦亮一双慧眼，好好寻找拥有明星业务的企业，然后想尽一切方法进去，好好奋斗，而我们必然也会收获大于我们付出的回报。

# 第八章

# 循序渐进，不苟求完美才能尽善尽美

# 别焦虑，决策是你人生的必修课

“我最近总有一种不妙的感觉，领导看我的表情总是那么凝重，现在公司正在大规模裁员，他对我的工作也越来越挑剔了！于是，我就开始本能地紧张起来，每天的工作内容也跟着频繁出错。前段时间，我在工作日程上出现了一个重大的失误，但到现在为止，依然没人跟我针对这个问题谈过。于是我每天脑门冒汗，整个身心都焦虑了，他们是不是在逼我走人？我要不要换一份工作？当下究竟该对自己未来的职场生涯做一番怎样的选择？我不知道，我真的不知道，只是觉得每天都好狼狈，何去何从，一切都是茫然的。张博士，请问这样的一个我该怎么办呢？”这是前段时间一个网友在我抖音号上发的一段私信，里面情真意切，看得我自己都要热泪盈眶了。

老实说，作为一个职场人，这是再现实不过的问题，当我们面对工作中出现的问题，经常会有猝不及防的感觉。因为没准备好，便开始焦虑来焦虑去，越是能量最低点，越是担心意外发生，可最后发生了什么，一个月过去了，一切也不过是虚惊一场罢了。

对于这样的事情，我的建议是，不管眼前的问题是第一次，还是多次，只要发生了，不妨按照自己的第一感觉做就好。是对是错都已经在那儿了，找我就接受，不找我努力改进不就完了吗？从心理学角度看，一件突发事情的发生，几乎所有人都没有心理准备，若是感觉快要失控了，那么意识中第一个方法论，很可能就是上天赋予你的灵感。

世界随时可能发生各种事情，也随时会让一个冷静的人陷入焦虑，但当一切过去，你再去看这段经历的时候就会发现，你第一反应做出的选择，十有八九就是最好的选择。当然，焦虑是一种情绪，不管有没有，工作就在那里，不多不少，不论你做还是不做，现实就在那里，不远不近，不问你情愿不情愿，十字路口就在那里，等着你去做选择。

人这一辈子，总是要为自己做出些选择的，尽管会怀疑、会纠结、会撞墙，但焦虑过后，就真的不活了吗？事情一件件地做，对钩一个个地画，你越是看得不那么远，眼前的路就越是会觉得清晰。于是就这么一步步地走下去，突然觉得也没多大工夫，痛苦就走完了。你不但知道向左向右，还能对着每一块指示牌发表见解。于是灵感一个个地来，本来很不好的事情，却慢慢走出了韵律，把没意思的事情变得有趣，这是所有人改变命运的初始，也是每个人可以运用的本能所在。

抛开工作和职场，不妨先来谈谈心理。不管当下的感觉是不是错觉，人本能的第一感觉永远是最真实的，因为有了感觉，所以有了情绪，因为有了情绪，所以有了对情绪的判断。于是，人开始用自己的意识运作自己与外界的关系，随后产生认同，觉得一切就是这么回事儿。或许这时候有人会告诉你：“嘿，不是你想的那样。”但若是他的理由撼动不了你，事情究竟是怎么回事儿已经不再重要，重要的是你觉得就是这么回事儿。

这就是我们对自己、对眼前世界的认同与判断。当我们认定自己的感觉，认同感觉带来的一切，下一步该怎么干就由不得别人了。理智的人，从来不会脱离自己感知以外做判断，也不会为那些谬论下的未知纠结个不停。生命里的困惑很多，没必要揪着不放。通常人在利他的同时也都是利己地而以自主的逻辑解决问题，以最佳的认知方式权衡自我，则是一个人在成长中趋向理智的核心决策力。

大千世界，诸多可能，你说是这样的，我说是那样的。但如果这关乎自己的命运，那么别人的一切诱导都没有说服力，世界就只是自己的，告诉自己怎么办，每一步该怎么做，这是意识灵感本能的驱动力，也是一个人本身处理问题有效的行为方式。

所以当有些人问我："张博士，你说我是不是应该跳槽？张博士，你说我是不是该跟我的领导谈谈？张博士，你说我是不是应该……"我听了以后，只能做一种反应："把你生命里的'应该'去掉，如果你觉得这么做对，那负起责任做就是了。"人生，本身就是一个不断在未知中锻炼自己的过程，身体的敏锐触觉，会让我们有能力察觉周围的一切，你可以让别人从他们的视角多给你一个可供参考的选择机会，但真正在这道选择题上画钩的从来都只是你自己。

如此，人就不会那么迷茫了。职场的选择，跟经营生命是一个道理，每天焦虑来焦虑去，不如自己开着"车子"冲出去。外面的天很高，云很阔，坚定地朝着心中认定的方向走下去，不紧张，不留遗憾，到最后赢的一定是你！

## 权衡利弊，从剩余选项中选择

选择一份工作的时候，不妨先问自己一个问题：“这份工作能给我带来什么？”别的不谈，我想大多数人的愿望都是高薪、工作时间短、轻松、环境幽雅、体面。

那么工作究竟是一个什么概念呢？我常常跟身边的年轻人说：“找工作就好像找另一伴。对于他/她的缺点和优点都要有充分的了解，然后想想对于他/她的缺点我们能不能忍受，如果不能，就要谨慎选择，免得一失足成千古恨。

婚姻有好坏，同样职业也有好坏。比如，薪资给得多，可能工作强度大；工作够轻松，可能轻易就被替代；领导很完美，可能不重视你；企业有文化，可能创意不落地；能学到东西，可能公司前景不乐观；愿景很伟大，可能兑现点很低。总而言之，世界上的一切，没有一件东西是十全十美的。如果你只看优点，莽莽撞撞就过去了，等到新鲜劲儿过了，少了初见的开心，后面就剩痛彻心扉和后悔了。

我曾经就有这么一个朋友，当初找到一份财务总监的工作，特别兴奋，理想的大公司，理想的职位，未来一定前途无量啊！为此，他特地请我们吃饭，到现在我都记得他春风满面、志得意满的样子。

但本能的职业敏感让我产生一个不好的预感，世上没有如此完美的工作。果然，在他入职后不久我接到了他打来的电话。他说："你知道，我的职务是财务总监，本来一切谈得都非常好，但是就这么一家大公司，我发现他们的账目存在很多问题。我每天都提心吊胆地工作，但是又不能现在走，这样就违背了当时签订的协议，我有赔偿责任。但如果不走，我真担心有一天自己会出事！"

听了这话，我一阵摇头说："为什么一开始你没有预见到呢？如果你在电脑上查阅一下他们的相关资料，看看他们在资本运作上是不是曾经出过类似的问题，或许结果就不是现在这样了。"

从我朋友经历的这件事上也看出一个问题，那就是职场没有十全十美，这才是职场的硬性规律。没有十全十美，没有公不公平，也许，这才是对所有人而言的真正完美和公平吧！

所以，我这里想说的是，如果你想求得一份满意的工作，那么就以一颗恋爱的心，去从长计议吧。当那些光鲜的外表不再光鲜，一个个现实问题就会涌现出来，这就需要你花费较长的时间去面对它给你带来的问题，如果一切你都能够承受，那便没有问题；但如果你承受不了，那你还是趁早做别的选择。

这也许并不是跳两次槽，重新求得一段蜜月就能解决的问题。如果你不能正视它，不管走到哪里，换了一份怎样的工作，核心的问题始终都无法逃避。既然这就是现实，那不如提前就将它们罗列出来，看哪些自己可以承受，哪些不可承受，这样即便有一天出现了坏的结果，也不至于措手不及，这就是选择背后的承担。职场就是这样，我们一定要从实际出发。那么现在话说回来，你会选了吗?

## 看看不同层次的人都是怎么聊天的

我曾经看过一个经典的老电视剧，上面有这样一句台词：这个世界是多元的世界，不同层次的人有不同的活法，居于上层的所拥有和能享用的资源都比较多，居于下层的就相对较少……生命的清净，不是因为不需要，而是这种需要自己根本就看不到。

这一席话曾经很多次敲打了我的灵魂，以至于每当刚入职的年轻人又开始无厘头地向我抱怨时，我就把这句话送给他。

不得不承认，这个世界不论是在思维高度还是在财富高度，人与人都是不同的。有人看到了你没看到，那人家的级别就必然会在你之上；有人抓住了你没抓住，那人家的日子肯定就过得比你好；别人选择了你没选择，那你就要去承担不选择给自己带来的后果。这似乎就是运行于世界的规律，不论是职场还是生活，只要你用心观察和体验，你会发现一切都是同一个道理。

曾经有一个年轻人问我：“张博士，为什么职场要分层级？低层级的人听高层级的人聊天感觉都插不上嘴。”我说：“对啊，因为不同层级的人思考的问题不同，每天处理的事情不同，所以聊天的内容也就各不相同。”

于是他问："那我是什么级别？""看看你在工作中聊的都是什么就可以知道了。"我说，"如果你每天都是抱怨，那么我只能遗憾地告诉你，现在的你，还处于职场菜鸟阶段呢！"

对于职场的层级，我一般将它分为以下四个阶段。

第一阶段：菜鸟抱怨期。

刚从象牙塔走出来，好不容易找到了一份工作，总希望处处求得公平，初见一片职场黑森林，对弱肉强食还不适应。按照老职场人的行话说就是："愿意干就干，不愿意干就走呗。"你想，世上哪有那么多公平可言，如果一切都让你合适了，那其他人的工作可能就没法干了。这时候就需要新职场人，把自己的棱角磨平，转变自己的心态来主动适应环境。要做到：正确地选择；别将注意力集中在抱怨上；快速扫描到自己的晋升空间，培养好自己的硬件实力。

第二阶段：领导能力晋升期。

到了这个阶段，有的人可能就开始变得骄傲和志得意满。比如有的人会说："看，别人干不了的活儿都让我给干了。"或者说："教会了徒弟，就饿死师傅。"自以为是的人会说："现在最重要的是让手里面的人听话。"而真正聪明的人则轻轻一笑，默默地给下属机会，用心地经营自己的每一种关系。作为一个领导，谁也不需要你成为业务的多面手，成为别人眼中的加班战士，而是看你会不会用人。把工作做得如鱼得水的，未必真的要以一当十，一个人能力再高，偌大一个项目下来，也得把自己累"死"。因此，依靠团队的力量，用好团队的人才是一名合格领导该做的。

第三阶段：管理者策略领导期。

当一个人晋升到管理者的阶段，面对下属的时候，就不单单是一个“用”字了。对于他而言，每一个下属都必须是自己培养出来的精兵强将，都有经营团队的实力，只要自己一个策略下来，马上就知道活儿应该怎么干。此时的他们，已经发现自己不能单独对任何一个团队花费心思，因为自己已经是多个团队的领导者，是整个大团队运营的总负责人。不同的团队，不同的支持。从产品研发，到技术延展，再到设计创意，每一个团队都需要在他的驾驭下紧密地契合调配，他是所有团队的核心，只需要在决策上告诉各团队该怎么做即可，而且要快速看到效果。所谓“小领导用内容说话，大领导看结果说话”，说的应该就是这个道理了。

第四个阶段：创始人决策规划期。

到此阶段，企业主要的内容已经由不同板块的管理者建立起来，那么作为创始人，究竟该做些什么呢？其实，越是运行良好的企业，创始人要管的内容就越少。他的一句话，就能完全改变整个企业的进程，所以他看中的东西自然与别人不同。别人处理问题抓的是结果，但是对于一个创始人来说，他处理问题的方式，很可能就是把握一系列的过往，秉持着自己对企业内容经验的沉淀，总结出自己的决策和逻辑。比如一个项目，总的操作方式是什么，工具方法论是什么，节奏应该是什么样的，哪几个板块儿先上、哪几个板块儿在后。困难到来的时候，惯性的“三板斧”应该怎么用？至少三下下去，百分之八十的问题能够得到落实和解决。这些才是他聊天时的内容，因为站的层次不同，自然感兴趣的内容也就不同。

所以，对照着自己去思考一下吧，不管你身处在哪个位置，是不是也应该调整一下自己的聊天思路了呢？对于一个聪明人来说，同样的事情，总要用更多维的角度来思考。当年拿破仑还是个学生的时候，就已经对军事中任何角色的思维都轻车熟路了。比如，他会在自己的军事坐标游戏中将一切玩得游刃有余，而事实胜于雄辩，最后他成就了自己。而就思维本质而言，它其实是个体对自我的无限的内在挖掘，每个人都有这个权利，也都可以为之付出努力。如果当下的你已经停止了抱怨，那我也就顺道诚恳地奉上一句："嘿！你值得拥有！"

## 学会复盘，给错误一个正确态度

我记得曾经读过一篇名为《别为打翻的牛奶哭泣》的文章。里面的内容，就是母亲看到孩子打碎了从冰箱里拿出的牛奶瓶子所做出的反应。孩子打翻瓶子后，她并没有大声地训斥孩子，而是微笑地说："哇，牛奶已经变成一条小溪了，要不要弄条纸船跟它玩一会儿？"于是孩子减轻了内心的焦虑和紧张，折了一只纸船，蹲在地上，带着它在满地的牛奶里滑来滑去。等到妈妈用墩布把一切料理停当，她拿过来一个与之前一样的牛奶瓶子，对孩子说："看，如果下次拿的时候，你可以一只手拖着底，另一只手握住牛奶瓶子的颈部，这样就不会打碎啦。来，现在我们一起演练几遍。"于是，妈妈与孩子拿着牛奶瓶子比画着玩了半天，一场修正拿牛奶瓶子的演练，就这样愉快地落幕了。从那以后，孩子再也没有打碎过牛奶瓶子，但这件小事，却足够他记忆一生。他说通过这件事母亲教会了他如何面对错误，每当自己犯错的时候，想到少年的这件事，他便一点也不紧张了。

现在很多职场人，常常要面对自己形形色色的错误，有的问题比较大，有的问题小得看不见。但是每当错误光临自己的时候，自己就免不了会紧张，通常的第一反应是：“糟糕，千万不要让人看见，赶紧把它掩盖好。”结果，今天小问题不说话，明天大问题不言语，只是一味地想要掩饰“罪证”，却永远不去深挖自己为什么总是犯类似的错误。这就好比一个成年人的身体里“住”了一个紧张焦虑的孩子，只要出了问题就害怕挨批评，就会紧张。如果此时我们能够换一种方式与我们身体里的这个小孩沟通，客观地看待我们所犯的错误，那么结果就会比我们想象中的要好得多。

出现问题了吗？好的，人生不过是在遇到问题的时候解决问题，即便它是一个错误，但从另一个概念来讲，它也不过是我们生命中遇到的一个问题罢了。有一位老职场人曾经说过这样一番意味深长的话：“人生的第一次跌倒，就是错误，但不多摔几次能跑吗？生命中随处都是错误，而错误起初可能就是因为不经常遇到，所以你才需要经历它、感受它，然后顺着它的轨迹捋出思路。由此，你会在这趟旅途中发现很多东西，除了寻觅到解决问题的最佳方法，你还会锁定自己的定力，再出现错误时你就不会紧张，而是把它看成生命中再正常不过的一件小事罢了。”

其实现在很多优秀的企业都是鼓励员工以正确的态度面对错误的，它们会为犯错误的员工举行一个缓解紧张的小仪式，感谢他们能把自己的错误说出来。因为你的错误很可能就是别人的错误，你的短板也同样可能是别人的短板，倘若所有人都对错误采取敷衍的方式，那么对于企业来说很可能就会是一个非常大的损失，而如今你说了出来，就会让大家避免犯和你一样的错误，也就相当于为企业挽回了很多损失，所以企业鼓励员工将错误说出来，将那些让自己焦虑的事情说出来。将错误一个个分析清楚，究竟是哪里出现了问题，为什么会出现这个问题，是细节上存在设计瑕疵，还是它本来就是一个惯性的思维逻辑，或者那就是一个有待思维突破的创意门槛，如果方法改良了，说不定能为企业省下一大笔钱。试着想想吧，如果大家一起解决了这样一个“错误”，其利益价值一定是空前绝后的。

搞清楚了错误的概念，就要在复盘的过程中给予它一个正确的态度。你可以尝试着找一个独立的空间，带着家长一样的感觉，与自己的错误安静地待一会儿。然后找一张纸，将问题以陈述的方式写出来，其中需要有分析，但不需要有评判。随后，你可以下意识地描写一下自己的情绪，比如“目前感觉很焦虑”或是“担心好好的工作就这么泡汤了”。然后，你便可以在一切事实陈述的下一栏写下这样一段话：“问题已经发生了，我决定坦然地去接受它，这一系列的内容都与别人无关，我只需要和我自己的问题待在一起。”决定诚恳地承担责任以后，我们便可以放上轻松的音乐，将自己所陈述的内容从头到尾地看一遍，这种感觉就好像在轻松的氛围中阅读一篇暖洋洋的短文。最后，你可以下意识地在文章的末尾画上一个笑脸，或是带着成熟者的释然说上一句：“我知道了。”

接下来就到了深度复盘的时候，你可以根据上面那段话，先提炼出自己的中心思想，对于这个错误，核心问题到底是什么，解决问题的路径有哪些，下次应该注意的细节是什么，然后将它们按照顺序罗列出来，就好像我们中学时做的最简单的一道历史分析题。等到一切收尾，错误的真相就会完全显露出来，而解决问题的方法也了然于胸。我们可以把它珍藏在自己的活页夹里一段时间，没事时拿出来看看，直到一切融入工作，成为正确的工作惯性，我们便可以对着镜子将它们撕毁，彻底地与这个看起来有些糟糕的老朋友挥手告别了。

由此可见，面对错误也不是什么大不了的事情，我们只需要以正确的认知和态度看待它，就会不断地从中挖掘到惊喜。谁说问题只能给一个人带来焦虑，找到处理它的最佳方式，错误也无非就是个错误罢了。

## 用职业完善终身成长，焦虑也能转化为正能量

曾经有一个年轻的职场人这样对我说：“张博士，我觉得职场真的很难，很多工作我根本就不知道怎么干，一头雾水，受到的也只有压力和批评。难道别人对待这一切的时候都是跟我一样吗？”“嗯，好的，那最后你干完了吗？”我问道。“干完了！”对方摸着后脑勺说道。“干得怎么样？”

我继续问道。“能怎么样，跟闭着眼睛硬干差不多吧。”年轻人说道。“那之后又怎么样了呢？领导批评你了吗？”我继续问。“好……好像没有。他看了一眼，一切就这么过去了。”年轻人有点茫然地说。“好！”我说道，“恭喜你，在这场焦虑考核中成长了，没有批评意味着你的工作基本过关，你又陪着你的职业成长了一回，应该回去好好庆祝啊！”“可是……可是我觉得……”年轻人畏难地说，“下一次我还是力不从心。”“那就还闭着眼睛硬干，不管结果怎样，不管会不会，总而言之，做就会有灵感，迈出第一步就有第二步，这就是工作赋予每个人成长的魅力所在。”

很多人在工作中都出现过同样的问题，比如，突然面对一份自己从未做过的工作，这时你就会问自己：“我能干吗？”突然一个大项目砸过来，你也会问自己：“是给我的吗？”于是瞬间身体里的焦虑感爆棚，觉得自己什么都不会做。眼看时间一分一秒过去，自己却不知从何入手。其实不要说你，就是大老板也经常会遇到同样的问题，对他们来说，不知道怎么干的事儿多了，而且根本没有范本可供借鉴。那怎么办呢？眼看一切近在眼前，不干也得干啊。曾经就有一个很有人生阅历的 CEO 对我说：“每次遇到这样的情况，我都会闭上眼睛背三遍《大悲咒》，然后深呼吸三次，不管眼前摆的是什么就直接上了。但，让我很得意的是，我每次都能顺利过关。”

其实，对于一个成功的领导来讲，有些时候为了帮助员工成长，就会突然间朝他们拍一块“砖”过来。看你平时表现很好，做事很稳健，给一个你根本没做过的项目，让你做做看。如果你表现得差强人意，那么很显然，你就只能做你本职工作以内的事情，上升空间不大。但是如果你每次“接砖”以后稍微用心用力就搞定了，那么对方就会对你刮目相看，认为你这个人有潜力，以后可以给你安排更有难度的工作。而未来领导也会重用你，把很多重要的事情交给你，并对你充分信任。

曾经有一个老板，就跟我分享了他的一段职场经历：“那时候，我们工作都是分配的，谁也不比谁好，我们同学 16 个人，被拉到一个单位。当时给我安排的工作是装卸工，这个工作拼的是体力，按说没有多大希望吧，但是耐不住我勤快，没事儿的时候总是去帮库管的忙。结果有一天对方离职了，而此时唯一能担负起这个重任的就是我，于是我就从装卸工晋升为了库管，从此便与来进货、取货的业务员有了很多交流的机会。于是我又开始帮他们忙，时间长了，对很多业务的内容也熟悉了，我就被他们介绍调到了总公司，开始从事业务员的工作。

“从装卸工到业务员，跨度一定很大了吧。可我又开始通过这个渠道，与更多领域的业务员建立关系，帮助单位解决了很多问题，时间长了，自然就晋升为主管，然后是经理、总经理。之后，改革开放了，我因为总是去外地出差，比如深圳，有机会见到了更广阔的市场。从深圳回来后我自己就思量了好几天，心想它的今天肯定是北京的明天啊，于是我决定放下铁饭碗，撸起袖子自己干，成立了自己的公司。然后一步步地从小公司做到了大公司，又从大公司晋升成了集团公司，如今世界各地都有我的分支企业了。我所遇见的事儿，可能别人听都没听说过，但无论怎么样，时代历练了我。如今，对于很多事我早就无所畏惧了。

"'没有人走在你前头的时候，你就是跨进这个领域的第一人，所有的蛋糕都是你的，有什么好焦虑的？' 我经常对自己这么说，'怕就怕有前车之鉴，因为蛋糕已经分出去一部分给别人了。' 所以年轻人面对挑战，不要焦虑，要提起精神，越是别人没有碰过的，越是要亲力亲为地试一试，试了可能不行也可能行，但不试就绝对不行。'可能' 和 '绝对' 之间的差距虽然仅是两个字，那意思可是谬之千里的。怎么说呢？其实，职业就是人生自我培养的一个路径，它就像一场游戏，给你出了一个难题，你顺着难关过去，潜心地去玩就是了，大不了就是没玩好。"

老实说，听了他的话，我的心也跟着热血沸腾起来，职场有可能是陪伴我们生命最长久的内容，有人为了谋生，有人为了见证自己的实力，有人期待自己每一次都做到最好。但每当困难到来的时候，焦虑就会顺着血液的流淌制造骚乱。但我们确实应该在骚乱中学会快速搞定一系列问题，难题存在又怎样，即便失败了又怎样，在职场的命题中，我们只需要迈开腿、放开做，焦虑就会转化为机遇重新作用于自己的人生。总而言之，往前走别向后看，别想太多，做你的就对了。

# 行动篇

## ——向前一步，少一些颤抖，世界就会多一分温柔

# 第九章

# 正确的行动价值百万，盲目的选择一文不值

## 愿景没有执行力，一切都是幻想

一个想法，到运作的那一步，却有一万个不可能在等着你，于是好好的事儿，就变成了焦虑，思来想去到头来什么都没有做。这样的事情时常发生在职场人的生活里，因为不觉得新鲜，所以也就顺着一路颓废下去。“这个世界做件事儿怎么就那么难？”“这辈子也就这样了。”多少人在日复一日的平庸和颓废中感叹。但事实真的如此吗？每每看到这样的景象，我就想请这些人喝一杯，不为别的，就是想问一句：“您迈开第一步了吗？”

我经常会看到一些年轻人读了成功者的传记，就开始元气满满。可是等到上了班，就开始尿了，天天抱怨：“这件事太难了吧！”“那件事还是让给别人做吧。”“今天这项工作能敷衍就敷衍过去吧。”“任务完不成就明天再做吧。”这时候我就真的想上去问问：“请问李嘉诚是这么干的吗？”大凡是能封神的人，从来都不会在执行力上失分，也许运作的时候会出现问题，但人生在世本来就是一个问题接着一个问题。既然都是解决问题，那就来一个算一个呗！

一个理想就是一粒种子，你把它放在那儿永远都开不了花，想要让一切落地，就得把种子先放在土里，然后才谈得上浇水、施肥，看着它一天天成长。所以，想成功，点子有了，那就马上付诸行动吧。有句话是这样说的："当上帝将一个看似不可能完成的理想装在一个人的梦里，那就是有意去帮他成就它。"所以，干什么事儿，第一步迈开腿，第二步才是尽善尽美。

人生这趟旅程，之所以有人过得好，有人过得不好，主要原因并不在于智商，而在于有人想到就做了，有人想到却没开始行动。世界上很多人每天都会产生无数个点子，不可否认，如果这些点子落实了百分之三十，眼下的世界就不是现在的样子。所以你就可以想象，多少人把上帝的恩赐当窗户纸糊在了墙壁上。而有些人却觉得这是个机遇，打接收到灵感的那一天起就觉得开了法眼，因为他看到遍地黄金。从信念上来说，这样的人成功是分分钟的事。

我曾经就遇到过类似的事情，几个朋友在闲聊时谈及一个项目，当时有三个人提出对这个项目感兴趣，还说要参与进来一起成就。结果前两个睡了一晚上，就把一切放梦里了。而最后一个人，回家后苦思冥想了很久，一个人坐在电脑前熬了一个通宵。第二天他兴奋地打电话给我说："我把计划书写好了，咱俩现在谈谈这个项目。"其实说真的，当时我很惊讶。这个世界总有这么一些人，在所有人放弃的时候，他们还愿意迈开腿试一下，尽管不知道未来意味着什么，但是他们愿意带着自己的想法一步步地走下去。这是难能可贵的一件事，不管结果如何，都应该深受他人的敬畏。

当然，最后我们合作得很愉快，他对这个点子深思熟虑了一番，告诉我："别看这只不过是生活中太常见的一环，但是做好了，我觉得它能上市。”于是我们两个约在咖啡馆聊了好几次，灵感迸发得越来越激烈，感觉只要落地，他的构想就一定大有前途。于是最终，我们成了非常要好的合伙人，很快注册了公司，一步步地开始运营这项事业。结果还真没让我们失望，他所设计的企业战略已在源源不断地帮我们创造盈利。而当我们几个朋友再一起喝酒时，别的人还在那儿感慨自己职场时运不济、现在哪儿有什么赚钱的营生，而我们两个，却又开始带着职业病，从别人满口的抱怨中，寻觅下一个机会和契机了。

为什么有钱的人总是有钱，因为他看什么都觉得是机会，只要资本允许就都想试试，而且只要试验上，就绝对不缺决策力。

愿景是一个人终其一生的动力，想得太多，就会自己把自己吓退，觉得这样不行，那样也不行。但是如果就在此刻，你决定迈开第一步，执行力就会一步步地帮助你走在成功的路上。当有人说“不吃饱就没力气减肥”的时候，你也在望着庞大的健身器械“肝儿颤”。但若是能震慑住胆怯勇敢走过去，你就会发现第一步也没什么难的，不就是两条腿协调转换，深呼吸跑步吗？跑步机没停，你也没停，那就自己一二一地跑下去吧！

## 长远决策力vs即时行动力

说到长远决策力，很多人都有感触。比如借着春节的时候，好好地给自己的人生大肆规划一番，几年以后自己就是谁谁谁了。结果，春节以后，真的上了战场，就还是一天天地按部就班地过。因为想了想太难了，要经历九九八十一难，于是就放弃了。但是每到深夜，内心就会搏斗、挣扎，不甘心现状。多少人的抑郁症就是这么得的。决策力赶不上行动力，是很多人对生活、对自己产生不满的原因。

其实对于这件事，我的想法是，之所以一项决策没坚持下来，是因为在开头的时候，没看见立竿见影的效果。今天努力了没什么反应，明天努力了又没什么反应，结果经过一个月两个月的努力，还是没反应。如此，你的动力肯定会受到影响。但是，若是你在决策的时候想到这个问题，既要让自己的长远决策落地，又要让自己眼前的一切精准地看到效果，那一个目标接着一个目标进行下去，情绪反应肯定不一样，每天你都期待自己的战略会给自己带来什么改变。而有改变，就有动力，不管这种改变究竟意味着什么，只要有改变，就会让你的生命和昨天不一样。

所以，就决策力和行动力的配合而言，我们至少需要掌握一些能让自己瞬间感到自己不一样的方法。不管是调整好了自己的情绪，还是历练出了一个不被束缚困扰的大脑，再或是面对强大的压力时还能笑得出来……即便眼前的烂摊子已经很烂了，还能一个人坐在那里，一件件地把它们厘清，处理完。这样一次次克服困难的体验，会让自己的状态好起来，这对于内在的激励也肯定是突飞猛进的。

曾经有一个老职场人跟我说："我的职业就是公关、谈判，大凡是有我出现的地方，都有脾气和压力。年轻的时候，我也会紧张，觉得对方的气势实在盛气凌人。但后来我找到了一个方法，我在自己的兜里放了一支笔，只要自己快要情绪失控的时候，就紧紧地攥一下它，不需要太长时间，三秒钟，我便可以恢复常态。再或者，在对方咄咄逼人的时候，我也只是轻描淡写地说：'一分钟，接个电话。'回来后的自己就马上变得不一样，所有的招数都接住以后，还把该怼回去的全怼回去。但你知道吗？就练这两招，我还花费了一年的时间呢！人这辈子，说到行动力，其实并没有这么难，它是一种习惯，只需要在你迈开腿去做的同时，每次都能看到效果。而当效果产生的时候，不需要谁的激励，你自己就知道该怎么做了。"

其实每个人在运作前途时，都会在行动的时候陷入迷茫，尤其是前方的路不清晰的时候，人的大脑就会瞬间被消极的念头填满。但我的策略，或许跟别人稍微有那么一点小小的不一样。每当夜深人静对明天感到迷茫时，我就会闭上眼睛，感觉灵魂中有一个分身去了远方，此时未来的自己就站在身旁，他开始接受我的专访，告诉我未来的自己会是一个什么样子。他或许会对我说："未来的十年，你将会成为……你不会迷失，只需做好自己长远决策中的几步。只要你按照自己的步骤去做，就一点问题都没有了。"于是，我的心瞬间就豁然开朗，觉得前途就在远方，当下的一些困难不过是生命历程中遭遇的短暂一瞬，一个白天和黑夜，也不过是生命中的一天而已。

你可以用一天的时间对着困难苦恼，你也可以陪着自己的困难待上一个白天和黑夜，你可以有选择地调整一下自己的步调。或是将自己放空，无所事事地坐着，然后赔上一个自己允许的时间。“一天够吗？”“不够？”“两天呢？”“有点……”“那就三天！三天够了吧！”“够了！”“好，那就三天，让一切过去！”于是三天以后的自己，从破碎中焕然一新，说不上涅槃重生，但是仍然具备雷厉风行的决策力。生命的历程，难免会有失控的错觉，但有决策力的人却能一步步地将主动权重新抓回到自己手里。而这也不是一蹴而就的，人生的每一天都有自己的课题，人生是一场专属于自己的经历，也是一份有关于自己的测评，你会在行动力中考验自己，也会在行动力中将愿景落地。而对于那些否认来说，其实存续在思维里太久也没有什么意义，反正一切都已经这样了，麻烦就是这样了，问题已经出现了，被它困扰着有什么用？与其去考虑否定，不如想想下一步该怎么办。也许解决问题的初始，可能就是泡了一杯咖啡 ，但咖啡泡上以后，人生的意义就变得大不同了。

所以，管他呢！灵魂的中心思想已经总结出来，愿景就在遥远的前方，至于达成愿景的过程，波折就是最美的遇见。困难一个个地来，一个个地去，但总有一个在未知的前方，所以才会有一等一的行动力在运作中凝聚智慧。无非是一段路程，绕远了大不了再想办法，那么多路，说不定下一秒就会有更好的出现。

## 小心，别做了安全感的奴隶

我曾经参与过这样一个有意思的课题：“如果人生太安全了，对一个人来说意味着什么？”这时候有人说：“很好啊！吃喝不愁，想干什么干什么。”也有人说：“老实说，我就想体验一下，在如此氛围中醉生梦死的感觉。”而就我个人对此方面的研究来看：“越是没有安全感的人，越是有可能会成为这个世界的创造者。”

因为没有安全感，便对未知秉持不确定的态度。不可否认，里面包裹着深邃的恐惧，但越是恐惧，越是渴求把未知抓在手里。而对于一个人来说，掌握未知是件很困难的事儿，于是就逼迫着没有安全感的人，具备与天斗、与地斗其乐无穷的魄力。

因为没有安全感，便习惯了在未知中处理问题。因为总觉得没有助力，便不会再对助力有太多的奢望。因为生命中的一切，始终让自己感到不安，所以才会试图让自己变得更完美一点，免得让更糟糕的事情降临在自己身上。虽然这样的状态总让人很累，但经历了一番垂死挣扎之后，当你再重新站在镜子面前的时候，就会对自己说：“嗯，是有那么点不一样了。”

其实人生活在这个世界上，不管是谁，每时每刻为的就是一份安全感。有很多的钱就有很高的地位，有很高的地位就有很多的机会，有很多的机会就有很多的人脉，有很多的人脉就能进入更广阔的江湖，而广阔的江湖直指天地，自己就此便可以真正意义上成就内心的安全感了。但这些就是人生的全部吗？其实也不一定，经常有人在得到一切后还是会深陷焦虑，因为这些很难说不会失去。所以为了不失去，就会被迫继续向前，继续调整。当他在人们的仰慕中体验着自己创造的安全感时，他却仍然驱赶不走内心的焦虑，每天想着"怎么办？""怎么办？"于是，就在那一刻，更多的可能性开启了。

曾经有一个成功的女主播跟我说了这样一番话："其实每个人都会陷入焦虑，从入职的第一天到成为职场老江湖的那一刻，你都有可能陷入各种紧张和焦虑中。我记得我第一次接受任务的时候，就很没安全感。"'这事儿该怎么干啊？'我行吗？可明天自己就要上了啊！"于是那天晚上，熬了整整一个夜晚，各种准备，各种思绪。到了第二天总攻的时候，脑袋还是感觉一片空白。但当我真正走进演播室，开始念出意识中的第一个字，一切就都改变了。那天的一切都进行得非常顺利，我也第一次感觉到了生命中与众不同的一面。虽然后面的日子里焦虑还时有发生，却再也不能左右我。我把它看成一种可以促使我尽善尽美的动力，在那种成就与自我成就的瞬间，源源不断地让我完整，带给我生命的丰盛和灵感。"

所以，不管是因为一份工作，还是因为其他，当思想焦虑的时候，或许就是创造力最强大的时候。曾经就有一位老禅师这样意味深长地对他的学生说："不要害怕慌乱，更不要担心焦虑，越是没有安全感，越是人生最好的时节，用心地去感受它，全然地去体会它，然后把它当成一位老朋友放在一边，你可以知道它的存在，但也可以不被它打扰。这种感觉就好像一个人坐在咖啡馆里，你的专注和你在一起，焦虑在另一个位置，用自己的方式激励你。于是你便调动了两种不一样的态度同时作用于自己。那是一种至善至美的存在，是一种对自我极致的雕琢。”

当迷茫的夜晚来临，当眼前的烂摊子无所适从，当烦乱的工作一件又一件，当一个人在迷茫的未知中快要窒息，当办公室里只有你一个人的位置是亮的，当你不知道明天的自己会在哪里，不要觉得这些是多么不好的事情。人潮汹涌，所有人都在捕捉安全感的过程中成就自我。今天的缺陷，就是明天的圆满。而就未知这件事来说，它带给一个人的未必只有焦虑，所以面对十天的工作量，不妨来个挑战游戏，给自己一个三天的额度，看看自己能完成怎样的一个壮举。若是一切大功告成，那就是一个阶段性的胜利，这意味着你为自己多赢得了七天的安全感，今后的日子，这样的工作量，保守估计五天就能搞定。当这样的冲刺一次次地洗礼自己的生命，你会发现人生因为多了一份不安全感而变得更美好了。

显而易见，不安全感让你避免沦为安全感的奴隶，人生莫名地多了一份鲜活，那是在竞争中涌动的灵魂，让眼前的世界变得更加辽阔。就此，一个全新的格局打开，眼前的一切在涌动的自驱中变得勇敢。世间有很多风雨，放手一搏的时候，便有了放下助力的勇气。而当一个人真正迎着一切一路向上的时候，就会发现，其实害怕这件事，也没什么大不了的。

## 职业转型，你该为自己做什么

如果一件事，你已经干了几十年，但突然有一天，有人对你说："这件事不需要你干了，去尝试新的职业吧！"请问你会有何感受？时代的转变，让人很难在一家企业待上一辈子，企业在变，职场的内容在变，职场的江湖在变，职场的使命、职责也在变，总之，职场的一切都在变！这意味着我们此生，很可能会从事多种不一样的职业，不断地对自己的人生进行调整。而具体到转型这件事，别说它很遥远，或许它就出现在明天。

初涉职场，干得不舒服，总有一些想转行的欲望，很多年轻人都会说："不知道为什么，总觉得入行入错了，工作做得不痛快。但说到职业转型，我也不知道自己该干什么。"于是，一边工作，一边觉得工作无趣，总觉得不远处有一个更适合自己的工作在等着自己，但它具体是什么工作却一头雾水。

我曾经看到很多职场人在面对职业转型这件事时彷徨不断。明明是做文案的，突然觉得自己根本不适合文字工作，随后跳槽去做了行政，干了不到几个月还是觉得不适合自己，随后做药品销售、保险经理人。每次看他都挺勤奋，可是越换他的人生反而越变得凌乱而离谱。

曾经听说了一位小伙子的职场经历。这位小伙子是一个保险推销员，当时我觉得这个小伙子相貌堂堂，也挺会来事儿，于是答应他，如果朋友有想投保的一定会介绍给他。结果几个月以后，真的就有几个朋友要投保，我赶紧联系他，没想到电话那头的他客气得有点尴尬："对不起您，我现在不做保险了，专门销售保健品，您有需要的客户，可以介绍给我。"当时我想，换工作人之常情，于是也答应，有朋友需要一定帮他。结果又过了不到一年，我给他找了好几个客户，想要购买他的保健品，结果人家电话那头又变了："对不起您，我现在不做保健品了，在做医疗器械。"当时我就感叹，现在这些年轻人换工作比洗脸还快，转来转去，别人想帮他都难。转型不怕，但你得把未来想清楚啊！没想清楚，就在人生的拐点上转来转去，结果越转越迷茫，最后把自己发配到一个自己都不知道的地方，你想这么干出成绩，简直是痴人说梦！

其实对于职业转型这件事，有人成功蜕变，也有人一落千丈。比如当初就有个小女孩儿，明明在广告公司做得很好，却突然转型去当微博编辑，原因很简单，就是对方开的工资更高，而且干活儿不累，每条只需要输入几个字就好，企业高大上，环境无可挑剔，她觉得这次自己算是找对了。可结果没过几年，整个国家的企业格局都发生了变化，随着微博业务的流失，相关岗位对于微博编辑的需求也越来越少。也就是这个原因，让她光荣下岗了。但好在当年在广告公司工作的经历为她打下了那么点基础，于是失业后的她最终还是回到了广告行业。可此时人家的企业状态已年轻化，比她年轻、有想法有创意的人比比皆是，论想法她不占上风，论拼劲好像年龄也不是优势。于是此时的她终日在职业焦虑中彷徨，总担心不知道什么时候老板就把自己换了，回想当年年轻气盛的折腾，让自己的整个人生的格局发生了一个三百六十度大逆转，真是追悔莫及。于是她越想越颓废，而别人也不知道该怎么帮她，所有的一切也只能她自己来承受。

其实在我看来，初涉职场的年轻人在找不到定位的时候，下意识地换几个工作也无可厚非。但既然要换，就要瞅准了三点：第一，自己喜欢；第二，有发展前途；第三，没那么容易被替代。若是满足不了这三点，你就有可能越换越糟，越糟越换，到头来很可能养活自己都困难，也不知道自己到底能干什么。

由此看来，转型也是需要一番精心准备的，你需要看清自己的实力和天赋，即便是转型也要找一些与自己优势相关的职业。比如你的职业专长是销售，起初销售的是汽车，眼看职业内容满足不了自己的需求，那么转去做房产经理人也未尝不可。原因很简单，虽然职业的内容变了，你要对职业所准备的细节也变了，但销售的思路没有变，因此还是可以在阅历上为你提供助力的，你会很快适应这个环境，知道说什么话，怎么说能把房子卖出去。而且你还会根据自己的经验，知道哪些是准客户，哪些是潜力股，哪些可能就是来了解信息的，哪些可能会给自己带来更多的生意，需要长期联系。虽然卖汽车改成了卖房子，但并不影响你把工作做到无可挑剔。原因很简单，你所学到的、经历的与前者相似，你并不是完全脱离了先前的一切，而是从一个模式转化成了另一个可以迅速适应发展的模式。在这个段位的环境里，你未必会输，即便一开始有些生疏，也不至于如

“二把刀”那样输得那么惨烈。

对于转型这件事，大家还是应该有自己的慧力和理性，你需要深刻地了解自己，随后再放宽眼界，看看它的触角能伸到多远的地方。倘若有一天你发现，放下眼前的一切，还星星点点的有别的事儿在向自己闪烁光芒，那么恭喜你，即便有一天要经历转型，你也有机会光芒万丈。

## 陪企业成长，你会得到更多吗

我曾经遇到这么一个男孩儿，明明资历很好，却一直在一家没有发展前途的公司里工作。我问他：“这样值得吗？”他的回答是：“老板器重我啊，我要陪伴公司成长。”当时听了以后，我脑袋“嗡”一下，跟一家自己都不知道会存在多久的公司共存亡，这“精忠报国”的架势用的也不是地方啊！当然这样让人瞠目的事儿不止一桩，也有人在接到一家大公司递来的橄榄枝的时候信誓旦旦地说：“我的美好人生开启了，我要陪着这家企业成长，在这里奋斗终生。”我听了以后也是惊出了一身冷汗：“就凭你！菜鸟一个，‘二把刀’进来已算是个特例的殊荣了，你觉得这把椅子坐稳了，想过别人在用什么眼神儿看你吗？想陪这样的企业一起成长可不是件容易的事儿。企业好，就会不断有更优秀的人进来，你的青春不值钱的时候，就是你被请出公司的时候。说在这里锻炼锻炼，蹭个资历也可以，但是当变故来的时候，第一个精准淘汰的就是你。”

我曾经说过，如今这个时代，谁也别想在哪儿干一辈子。为一家企业奋斗终生，只有一种可能，就是这家企业是你开的。但如果你真的想着为谁忠心耿耿一番，那至少也要给自己找个靠谱的选择，可以是创业公司，也可以是一家基础扎实且很有发展潜力的小公司。在类似公司刚刚开启的时候，你可以进去，好好跟着企业一起成长，只要青春还在，在这样有远见的企业中你还是可以学到很多东西的。而你所承担的风险，无非是几年以后它没发展起来，但你从中学到的东西却会为你以后的工作提供更好的助力。

其实在我看来，对于选企业这件事来说，不管是从资本，还是从未来，抑或是从近期的职业发展来看，要想进入一家企业，就要先了解这家企业的企业文化是什么，上升空间有多大，是不是一步一个脚印地在走，等等。然后就是面试，企业要看看你如何，而你也得看看企业未来的发展前景怎样，目前处在什么阶段，部门之间的协调关系怎样，领导的战略远见如何，现在迫切想解决的问题是什么，而对于你的职业要求和发展规划又是什么。如果对方能把这一切表述清楚，而且又跟你的前途规划一致，那么也不妨试着在这样的企业待两年。在这两年中，你可以一边体察环境，一边最大限度地充实自己，如果两年后对方战略中的内容纷纷落地，那么毫无疑问你陪着它继续走是对的；但如果两年以后所有的问题还是问题，那么你就可以选择离开。两年，于你而言，青春成本、发展成本、职业阅历成本都不算大。

在这里我想说的是，陪伴企业成长算不上一件坏事，大凡是一家企业，多少都能让一个人成长，学到一些之前没学过的东西。而对于一个员工的选择，主要就是看有限的时间战线怎么选对，怎么选值。有的人陪伴企业成长，小企业变成了上市公司，虽然职位上算不上高大上，但股份上也挣了个盆满钵满。而反观有的人天赋本来不错，却跟在“烂”公司工作数年，到头来手里拿到的工资还不如每天早上摆摊卖灌饼的阿姨。这似乎不是什么财运问题，而是一个人的战略眼光问题。对于一个职场人来说，跟对一个企业，就跟对了一种人生。你可以转换自己的模式，让更有实力的企业优化你的事业，但每一段陪伴与被陪伴，不论对谁来说求的都是一个物超所值。说到这儿，应该怎么选企业，大家心里应该有点数了吧。

或许每个人对选职业都有自己的一套标准。如果你能选到一个和自己的规划一致又有发展潜力的企业，那么，我鼓励你不要撒手。而那些如浮云般缥缈又无发展前景的企业，还是要慎入，或早点放手，否则，你输了，也全是自己的事儿。但世界上总有那么一些人，用自己超强的定力，为自己的人生做出了一个个正确的选择。而选择本身就是一种本事，也许在其他的事情上，这些人看起来总是资历平平，但单凭会选这一点已经是常人不可比，足够让别人无比羡慕的了。

# 第十章 摸清行动路线，搞定运作的节奏感

## 把那堵“思维局限”的墙拆掉吧

不可否认，每个人都有自己的思维定式，同一件事，有人横着做成功，有人就非得竖着做才行，但不管是横着做还是竖着做，只要成功了，就都是好方法。曾经有人跟我说：“其实这个世界上，从来都没有思维的界限，常常有人会用匪夷所思的方式解决问题，当时你也许会觉得这样的方法实在荒谬，但事实胜于雄辩，人家的理论就愣是把一切搞定了。”

比如，我就曾经看过这样一个案例。日本东芝公司当年有一批积压的电风扇，不管销售部用什么样的方法，就是一台也卖不出去。眼看快到年底了，所有的员工都忧心忡忡，再卖不出去，企业生存问题就要受到影响了。于是领导发动企业上下所有人一起想办法，经过一番绞尽脑汁的思考，一个员工试探性地敲开了领导的门。他的建议很简单：“现在的电风扇都是黑色的，您能不能给咱们的电扇换个颜色？”老板起初并不赞成这个建议，因为在这之前，世界上所有的电风扇都是黑色的。但时间一天天过去，眼看也没有什么更好的策略，于是董事会最终决定，就按照这个方法试试。他们把这批电风扇全部染成了蓝色，之后就投入了市场。没想到产品一上市，没几天就卖光了。自此，世界上的电风扇颜色就变得绚丽多彩起来。看，这么一个突破思维局限的想法，就让一家企业瞬间扭亏为盈。你说它有多高明，算不上高明。但你说它有建设性意义吗？答案是肯定的，事实胜于雄辩。

在职场中，有很多这样的范例。很多人在面对工作的时候，都有自己的定式，初涉职场时，别人怎么干，自己就怎么干，照猫画虎地模仿熟练了，好像一切做起来都驾轻就熟了。这时候我们可能会被企业告知："挺好，就这么干！"于是一路就这么干下去，没有了突破重围的思考力，多少人就这样定格在了自己的格子间里。

曾经有一个老资历的职场人说："人与人为什么不一样？有些人做着这份工作，兢兢业业地就是这份工作了。但有些人眼睛、鼻子、眉毛、嘴都在观察，他们有着孩子一样的好奇心，大凡是遇到的事儿，脑子里总是会转悠一圈儿，一件事到了他手里，总会被好好地琢磨一番。'眼下这件事，别人成功地完成过，但是我要像他那么做行不行呢？''别人遇到这件事不知道怎么干，那么我会吗？''如果我是上面的领导该怎么办？''如果给我一支团队，我应该怎么指点他们打天下？'别看他每天像被企业关在笼子里的困兽，但人家的思想是自由的，从自己的工作到中层管理的策略，再到顶头上司的做事风格，都被他在心里一一分析过。那可能是一个游戏，但同时也是一个没有围墙的世界。于是，别人不行的时候，他永远行；别人行的时候，他比别人更行。不是他比别人聪明，而是他的思路从来都不是被禁锢着的。现在很多人，都把职业当成一种维持生计的手段，当一天和尚撞一天钟，但不同的和尚撞钟，韵味还不一样呢！能不能成功，不是天命，而是由一个没有围墙的脑袋决定的。"

我还记得著名企业家稻盛和夫先生年轻的时候，为了能够研发出心目中最棒的瓷器终日待在实验室里做着各种实验。尽管当时他所在的工厂濒临破产，尽管身边的人都把他看成一个为瓷疯狂的神经病，但面对眼前的各种实验，他每天都是一脸亢奋的神情，好像从来没有失败过。他不断提取着各种各样的材料，搭配着各种各样的定制技术，最终一级棒的瓷器终于瓜熟蒂落。虽然自己已经是个成年人，但看到心仪的瓷器的诞生，他竟然如孩子般一边拍手一边跳跃。这时候一个老工人瞥了他一眼，犹如在看着一个不正常的人。但从那以后，这家瓷器厂因稻盛和夫研发的成功而迅速扭亏为盈，他也因此创办了自己的企业——京瓷。在整个企业的发展历程中，他总是会接到各种各样奇怪的订单，每一次难度都相当大，甚至起初大家都不知道该如何下手，但他从来都没有推辞过。通过持续的尝试、实验，最终他的京瓷冲破层层障碍，成为国际知名的制瓷企业。人们都说就制造瓷器这件事而言，没有京瓷做不到的。因为突破了一切思维的禁锢，他的团队因企业文化而变得越发活跃，由此，一个充满生机、不畏困难，又敢于尝试的京瓷就这样不断壮大了。

这个世界从来没有什么不可能，有人通过做一千多次的实验终于照亮了整个世界，有人驾着几艘帆船发现了整个世界，树上掉下的苹果成了一个震惊所有人的真理，而在一部手机里存续着无限的畅享和秘密。每一个发现，从来都没有围墙的束缚，只要你想，就没有做不成的道理。

# 从运动员到教练员

记得有一次和朋友一起看球赛，看着上场的一个个运动员，朋友就感慨："你说这帮人是怎么选出来的？教练员与运动员两者之间的格局又是什么？""优秀的运动员退役升级后就会变成优秀的教练员，论格局应该是一种战略上的升级吧！"我说，"做运动员的时候，一开始都是'小白'，但特质好、品相优良、反应能力快的，便被伯乐视为对路的材料，随后把他调到适当的位置上训练，并了解他的性格和脾气，于是就有了中锋、先锋……""嗯，有道理，教练员的意义重大，他是运动员的领导，同时也是陪运动员一起成长的人。"朋友对我的观点表示赞同。

其实在职场，我们每个人都当过"运动员"。初涉职场，两眼一抹黑，入职后公司就叫来一个人，然后对你说："他是你的领导。"于是你与他的缘分就算建立了，他应该是你职场的第一位老师，别管水平怎么样，让你干什么，你就得干什么。于是每一个表格、每一封邮件、每一个会议报告……有人完成得很快、很好，有人却坐在那里鼻尖冒汗，那位领导一边眼睛看着电脑，一边心里就有了数，知道谁该走、谁该留了。

不可否认，人的一生必然不会只经历一个领导，但是有一件让我很认同的事是，如果你能跟对人，那么很可能下一个做领导的人就是你。人生的光阴，容不得半点耗费，天下做领导的人很多，但也不是各个优秀。比如有的领导坐到了这个位子就只求稳，恨不得属下都是虾兵蟹将，最好一个超过自己的人都没有。这样不但能让老板看到一个没他不成的团队，而且他在面对下属的时候还可以自豪地说一声："你看看你们，到头来还是一切都要我自己来。"

还有的领导看上去叱咤风云、雷厉风行，但生性狂暴，说让你下不来台就让你下不来台。他不会让你提什么建设性的建议，只是告诉你："照我说的去做。"于是他手下的人各个中规中矩，都被他管得老老实实。如此，思想行动倒是统一了，可当有一天他也不知道该怎么办了，那么整个团队肯定跟着覆没。

但优秀的领导不会，他想要达到的目标从来都不是"我要成为百分之百的强人"或"我的属下要成为百分之百的庸人"，而是"纵使我现在的能力占了百分之九十，我的得力干将都跟我一样，各占百分之九十"。能带领这样的团队的人，本身就有着一种灵魂魅力，他可以是爽朗的，可以是斯文的，可以是雷厉风行的，也可以是魄力十足的。今朝说的事，即便是喝醉了说的，明天也照样兑现，至于下属的意见，则永远都不会说一句"我觉得"，而是集体讨论后再决定是否采用。

不同的领导有不同的教练模式，所有人都是从当兵开始学着做将军的，所以如果想在某个领域有大的发展，要先看看自己领导的实力，即他是不是一个能成事的人，他的行事风格和脾气是否与自己契合，他的承诺是不是说一不二，等等。如果这些都让你满意，最后他又说了一句"天下就没有我不敢用的人”，那毫无疑问，跟着他绝对错不了。

所以，我建议所有想要找工作的小伙伴，在选择一家企业的时候，文化、发展前景当然很重要，但同样重要的一件事是，你最好能够提前动用你的各种关系，打探一下你未来的领导是一个什么样的人。如果这个人关系特别厉害，从他这里走出去的人很多都成了各大公司的高层管理者，那么值得你拒绝其他待遇更优厚的选择，在他这里搏一把。不一样的老师，带出不一样的学生，不一样的领导也会锻造出不一样的人才。谁也不希望在一个无能的领导下面窝囊“死”，人生何其短，总要找一个途径更先人一步地出人头地。一个好领导，就是一个好氛围，在好氛围里待上一年，很可能就能比别人少奋斗十年。当别人还在浑浑噩噩的时候，你的资源到手了；当别人不知所措的时候，你的格局树立了；当别人担心下岗的时候，你的能力有目共睹了。几年下来，你的各方面都比同龄人高出一大截，可见，优选绝对是一件对自己负责任的事儿。

不论你现在是“教练员”还是“运动员”，都要记住，在选择工作这件事上，值得你好好考察和规划，因为选对领导，真的很重要。

## 纠正认知偏差，别让偏见左右你

我曾收到一个朋友的留言：“张博士，我现在面临一件很痛苦的事。我本来想做出点成绩，就在自己的工作上做了点小改进，本来我觉得一切会变得更好，没想到最终却出了问题。于是领导暴怒，他以前是个很友好和善的人，却在这一次也忍不住发火了。请问我该怎么办？是我不够优秀？还是不应该擅自行动呢？”

看了这条信息，我结合自己做领导的经验思考了一番，老实说对他领导的反应我非常理解。虽然创新值得鼓励，但创新不是想当然地做事情。一件事做下来，究竟会达成一个什么样的结果，出手的时候不说百分之百，至少也能有七八成的把握才行。否则仅凭着一股创新的热情，那就等同于在职场上“裸奔”，不但不会收到自己想要的效果，只要出了问题，肯定就不是小问题。

当然，这样的问题不仅仅会出在刚进入职场的年轻人身上，就一家企业的战略决策而言，即便是做到了 CEO 的位置，也难免不会为自己的认知偏差所影响。

例如，现在企业要推出一个爆品，企业里的同人都认为，这个设计是最好的设计，一切做得无可挑剔，这么棒的产品推向市场一定所向披靡。但结果却是产品投入市场后连个“水花”都没有。这样的事情在当下这个商业时代早就已经见怪不怪了。企业中的人员想当然地认为，凭着自己的感觉，凭着自己一流的营销团队和一流的设计工艺，所制造的产品打入市场后一定大受欢迎，但真实的结果却令他们大失所望，产品根本就无人问津。

要想把自己的产品推出去，首先就得对产品进行精准的定位。比如，要看看自己的受众群体是谁，他们为什么要买自己的产品，需求有多急切，是小众还是泛众，他们都聚集在什么区域，在什么时候他们会想到自己的这个需求，他们需要怎样的氛围烘托，他们需要被引发怎样的一种购买情怀，他们认同的营销方式是怎样的，等等。最后，还要看这种购买是一次后再无以后的生意，还是有可能出现持续裂变和裂变后的重复购买。而这一切都是要有很精确的数据分析作为依托的，从来不是打几个无用的广告，或给消费者进行几次暴力洗脑就能解决的问题。数据代表着理性、精准和更为确切的战略判断。因为一切都是真实的呈现，所以在进行规划的时候，就要有理有据，这个生意到底能不能做、有多少利润，都要先进行理性分析，做到有六七成的把握才可一试。

这个世界上所有人都不想面对失败，而失败的根本原因，十有八九就在于他们总是一拍脑门就去开展一项行动，忘记了计划范围内的理性分析，唯有以通过精确分析得出的数据作为依据，成功率才更高。当然除此之外，想要做成一件事，总是会面对各种各样的偏见，你发现了商机，别人没发现的时候就觉得你是“发神经”。一件事想要做成功，不仅仅需要一番理性的分析引导，还要有能顶住外界各种偏见之言的定力。

作为一个职场人，工作创新没有问题，但先要对自己的一切举措建立行动的依据。例如：“这件事我为什么这么干？”“在之前有怎样相似的成功案例？”“他的成果是什么？”“多长时间看到的成果？”“我对这件事优化的理由是什么？”“什么样的数据支持认为是可行的？”“所要承担的风险系数是什么？”“这样行动可能建立的契机是什么？”“究竟有多大的受益可能性？”每一个数据、每一个图标、每一个构想设计，至少要落到成文的笔头上让自己的领导先看清楚，秉持他对市场的认识、经验、阅历，大家都可以对项目的可信性进行进一步的探讨，这个创新才有实施的可能性。否则如果领导等人对里面的某些内容产生怀疑，而你又一时拿不出一个解决方案，那么这个创新很可能就需要更充分的准备才行。这样做是对领导最起码的尊重，也是自己告别认知偏差不可忽略的一个细节。

大凡是自我的思想，都会受到自我认知的局限。这时候打开格局的方法，就是让更多的眼睛和判断参与进来，一起来给自己的设想找问题，直到所有的问题都被解决，自己所做的事才算成功。

所以，这里想说的是，这个世界不缺对工作勤勉认真的人，但缺的是用理性做事的人，太多人凭着脑子一热断送了未来。人如此，企业也一样，而原因就在于认知偏差。而就认知偏差这件事，想要正确应对，最好的策略就是拿精准的数据和事实说话。

## 抽出时间，基层也要学管理

有些人说："我现在也就是一个基层小兵，只能干好自己的事情，站好自己的岗，除此之外谈不上什么管理。"于是我问他："那你将来怎么办？有什么规划吗？"他想一想说："工作不就是干好自己的活儿，拿一个等高的薪资？其实也就这样了。"每当听到这样的话，我就会在心里暗自寻思："这年头，想好好干活儿难，想不被影响地好好干活儿更难。钱拿得高不高从来不是自己说了算的，而是上司对你心里的那个价位决定的。你觉得你干得挺好，可对方连记住都没记住你，瞎忙活半天，落了一身不是，这样的事在职场中多得数不胜数。”

很多人觉得基层学管理没有用，因为每天都如小跟班一样被别人管着。但事实真是这样吗？心理学家说过一句话：“人在没有选择的时候，其实也有选择。”而这个选择，其实就是对自己的管理。当小跟班虽然看起来不过是个无名小卒，但想当好也没那么容易。比如，你得知道自己的领导想要什么、脾气怎样，他在什么时候容易做出重大决策，他开会思考的套路是什么，他找你了解别人工作内容的意图是什么，他每个问题传达的指令是什么……这些似乎是最基本的需要了解的内容。可见如果你只知道干活儿，想要在领导手下成为一个称心如意的兵，好像也没那么容易。

其实一个人不管在哪儿，都需要进行自我管理。具体包括：你要知道自己是谁；自己的角色是什么，这个角色需要什么样的表演元素、所要具备的能力是什么；日程中的计划该怎么做；自我工作项目运营内容该怎么开展；每日的工作日记里应该记什么；邮件应该怎么回复；与上司互动采取什么样氛围的策略；自己的时间应该如何管理；格子间里氛围好的时候怎么做，氛围不好的时候又该怎么做；遇到好人怎么办，遇到小人又怎么办。这些内容，自你迈入工作场所的那一天起就已经注定了。不要认为你只要埋头工作就行了，只要这些凌乱的细节没梳理好，你想在这里安生工作，简直是痴心妄想。

举个例子，我就遇到过这样一个年轻的职场人，他在回忆自己的职场生涯时，就曾感慨过这样一段经历："当时我是一家小公司的秘书，老板是一个创意很多、想法很多、变卦次数也很多的人。别人都觉得我的位置很光鲜，却不知道每天我过的是什么日子。今天他说要这么做，我刚列好计划，第二天就变成另外一回事儿了。如果这时你问：'你昨天不是说那样的吗？'他会直接不耐烦地说：'我有吗？我没那么说。'你知道那段时间，我每天都有撞墙的欲望，只要工作没安排好，他的脾气一发下来，那就是一个不知所措的晴天霹雳。有一天我实在撑不住了，请了一天假，在自己的房间发了一天的愣。我就想，自己每天工作兢兢业业，怎么就碰上这么一位领导？是我的问题，还是应该果断跳槽？但最后被我想到了一个好方法，那就是每天拿一个工作日记本，他说什么我就记什么，每一句话都记录得清清楚楚。等到他说完，我就会把他话里的精髓重复一遍，跟他对账似的说：'您说的是这个意思吧。'如果他说'是'，我就让他签字。他起初也不习惯，觉得我不知道抽了什么风，但是打他妥协的第一天起，我的噩梦就结束了。"

听到这个案例的时候，我先是觉得好笑，但也真心觉得这个年轻人算是个职场里的聪明人。小小的一个管理变动，便可以让自己的工作日程变得更加顺畅通达，同时还会让领导觉得他是一个做事认真且有条理的人。

曾经有一个老职场人对我说："其实基层人是最需要管理的职场阶层，因为他们的事务琐碎，若是遭遇一些职场变动，很可能是第一个被踢出局的人。我当年就有类似的经验，你老老实实地工作，总有一些奇怪的眼睛就这么看着你，他们有的沉默，有的对你无比亲近，有的动不动就给你一股威慑力，而有的就在那里设套。而对于你这个基层人，上司不会在意，也始终是个可有可无的位置，若是自己不小心，随时都可能出问题。”

举个最简单的例子，办公桌前的文件这么多，电脑上需要回复的内容这么多，对于这样基本的管理，你若搞不定，说不定什么时候倒霉的事儿就发生在你头上。有条理的人，从来不让别人翻自己的东西。电脑不管什么时候，不在的时候总是会采取最保险的防范措施。我还记得当年有一次，我被公司指派去外面出差，突然一个电话打过来就问我：“现在大老板要个文件，你放哪儿了？”好在我是一个记性特别好的人，直接报出了在哪个抽屉第几个文件夹第几层的位置。而对方却不屑地说：“你真的确定？拿错了怎么办？”这时候我就知道那头的状况不对劲，于是很坚定且不客气地说：“我从来不乱放东西，你去找，找不到责任算我的。”或许是被震撼到了，从那天开始，再也没有人在这方面捣我的乱、对我质疑了。

世界上是个工作就需要管理，而人活着，就是在一步步的人生旅途中学着将手头一切安排得有条不紊。管理得越好，生活得越好。

## 用对掘金工具，强化职场技能

现代科技如此发达，工作早已不是老一辈想象的那样。很多琐碎的工作，在无数灵活的高端软件的运作下，很容易就达到事半功倍的效果。这就是为什么你在那里汗流浃背地加班，别人忙了一个小时就开始坐在那里喝茶；你觉得你加班加点是对工作勤勉认真负责，可到了真正交工作的时候，却发现人家的项目不但做得比你好、比你精致，还没花费你那么多的时间和精力。

我就曾经听一个老职场人这样感慨："前段时间我们部门招来一个年轻人，很多老人都觉得这家伙不学无术，每天在电脑前工作不到一个小时，就开始玩儿手机、看网页，一副无所事事的样子。因为部门里每个人手头的工作量是什么样的都有目共睹，所以一开始，我们都觉得这个年轻人在这儿干不了多长时间。结果真到交工作的时候，发现他的工作是做得最好最漂亮的，这让老板都大跌眼镜，于是便加大了他的工作量。结果你猜怎么样？他比以前多忙了半个小时，然后又开始玩儿上了。于是大家就好奇了：'你怎么干的啊！'他想了想说：'也没什么大不了的，不就是做表格、幻灯片吗？这些上大学的时候就玩得够够的了，很多软件工具是可以很快达成效率的。其实我在这里坐着，已经憋闷了好几个星期了，看你们一个个都那么认真，特别不理解，不就上去点几个按钮，规整一下就完了的事儿吗？'，老板听了很满意，于是他就成了我们的总监。老实说，时代真不同了，你还真别小看现在的年轻人，他们会的你不会，就是比你节省效率。经历了这件事以后，我也开始每天抽时间学习这些工具软件了。"

现在很多人上班的时候就在那里浑浑噩噩，回家以后便窝在沙发里什么都不想干，外面发生了什么事情、工作中兴起了怎样的工具软件、这些软件怎么用能更快地达到效果，他们根本不知道，也不想知道。于是乎，他们上班的时候对着漫天的数字发呆，回家以后就开始在深夜抱着枕头。

而别人呢，几个小时干的就是你一个星期的工作量。

举个例子来说吧，同样是排版，老式的排版工具选择范围少，运作内容也偏于死板，在很多细节的操作上需要以手动模式进行复杂的操作才可以，既费眼睛，也费精力。但是如果你熟悉十几种进行复杂的操作的软件，那达到的工作效果肯定要比一个好。多个软件，能够让你轻易知道哪个照片更鲜亮，那个模版更高端，哪个能把文字排得更漂亮，哪个能很快去掉错别字，哪个能让版面更清新、干净。于是乎，同样级别的两个人，不同级别的工具，就让他们的工作质量拉开了档次。这就是为什么有人使出了吃奶的力气，却玩儿不过一个一天到晚坐在那里没事儿闲到下班的人。

在我看来这些都是我们工作提升的强大资本，会别人不会的，你就是无可替代的。若当下的工作是个人都能摆平，那么你至少也要做那个摘棉花摘得最多的人。技巧多，掌握的方法多，所能应用的渠道多，手里有的工具别人没有，你就是最先到达终点的一个。

曾经有一个女孩儿，刚入职场的时候觉得自己什么都不懂、什么都不如别人，于是起初她白天的工作产出跟别人没区别，但到了晚上，她就关上手机，开始安静地学习自己工作中需要的各种软件。几个月以后，她就可以熟练地掌握很多工作应用中别人不知道的软件了。当她带着这样一个丰盛的自我投入工作的时候，整个部门都被她的工作效率震惊了。大家难以置信，就这么一个貌不惊人的小姑娘，居然能在一个小时内搞定别人一个星期才憋出来的演示文稿，能在半个小时内优化别人一天做不完的全部表格计划。她能快速地为企业海报修图，还灵活地掌握了视频制作的所有技术。看着她一会儿轻快地剪辑，一会儿就把领导的讲话内容编排到了字幕上，一会儿就调好了视频的亮度，别人无从下手的工作她也用不到一个小时就完成了，大家不禁对这个女孩深感佩服，就连老板都觉得自己捡到了一个宝贝。于是，一个平凡的女孩儿，就这样成了企业重点培养的对象。其实，论资历和才华，她都不是最好的，只因掌握了工作中运用到的分类工具软件，她就成了别人眼中无可替代的对象。

什么是强化职场技能？最重要的是别人会的你会，别人不会的你也会！在职场上每个人都有随时被淘汰掉的危险，只因其在工作里的价值，始终都在随着时代的发展发生着变化。所以，我在这里想说的是："如果秉着时代脉搏，此生难免要经历危机考验，那就不如把脉搏里的掘金工具全都掌握在自己的手里。"